计算机应用电工基础

刘 涛 安延珍 主 编
隋丽梅 李应懂 副主编

人民交通出版社股份有限公司
北京

内 容 提 要

全书共包括五个单元,主要包括计算机用电安全、电工技术应用基础、计算机结构及其工作原理、计算机控制照明系统、计算机网络电工技术。

本书可以作为参加职业培训人员用书,可用作职业院校教材,也可作为计算机应用电工技术入门的参考书。

图书在版编目(CIP)数据

计算机应用电工基础/刘涛,安延珍主编.—北京：人民交通出版社股份有限公司,2022.7
ISBN 978-7-114-17972-3

Ⅰ.①计… Ⅱ.①刘…②安… Ⅲ.①计算机应用—电工技术—职业教育—教材 Ⅳ.①TM-39

中国版本图书馆 CIP 数据核字(2022)第 087094 号

书　　　名：	计算机应用电工基础
著 作 者：	刘　涛　安延珍
责任编辑：	李　良
责任校对：	席少楠
责任印制：	刘高彤
出版发行：	人民交通出版社股份有限公司
地　　址：	(100011)北京市朝阳区安定门外外馆斜街 3 号
网　　址：	http://www.ccpcl.com.cn
销售电话：	(010)59757973
总 经 销：	人民交通出版社股份有限公司发行部
经　　销：	各地新华书店
印　　刷：	北京市密东印刷有限公司
开　　本：	787×1092　1/16
印　　张：	10.25
字　　数：	179 千
版　　次：	2022 年 7 月　第 1 版
印　　次：	2022 年 7 月　第 1 次印刷
书　　号：	ISBN 978-7-114-17972-3
定　　价：	29.00 元

(有印刷、装订质量问题的图书由本公司负责调换)

前言 PREFACE

自20世纪中叶以来,计算机与互联网的发明与应用拉开了人类社会数字化转型历史进程的序幕,并持续至今。作为当今时代的通用技术,互联网、大数据、人工智能不仅接续成为了经济长期发展的源动力,其与治理体系的交互影响、交叉演化,更是我们当今时代的根本规律。在交通不发达的地方,人们希望通过线上方式重新连接起来,但是线上方式离不开电力和供电系统,离不开计算机网络的应用。为了适应当前职业教育教学改革的形势,满足职业院校对计算机应用电工技术的教学需求,我们组织一线教师编写了这本教材。

通过学习本书,读者能在完成各个模块学习过程中掌握计算机电工的基础知识及相关实训操作方法。本书在每个单元后面附加了部分习题和思考题,对相关知识点进一步巩固和拓展。本书图文并茂,围绕计算机应用这一条主线,由浅入深介绍了计算机用电安全、电工技术应用基础、计算机结构及其工作原理、计算机控制照明系统和计算机网络电工技术等内容。

本书由刘涛、安延珍担任主编,隋丽梅、李应懂担任副主编,徐春良、金帅、陈金凤、刘元坤、李士光、张建利参编。单元一主要由刘涛编写,单元二主要由隋丽梅编写,单元三模块1至模块4主要由金帅编写,单元三模块5、模块6主要由陈金凤编写,单元四主要由李应懂编写,单元五模块1、模块2主要由安延珍编写,单元五模块3至模块6主要由刘元坤编写,徐春良、李士光、张建利参与了部分内容的编写。

本书可以作为参加职业培训人员用书,可用作职业院校教材,也可作为计算机应用电工技术入门的参考书。

在本书的编写过程中,编者也参考了网络上的一些资源及相关文献。在此对以上给本书提供帮助的老师表示衷心感谢!尽管我们力求精益求精,但由于水平有限,书中存在的不足之处,敬请读者批评指正,以使教材日臻完善。

作　者
2022年3月

目录 CONTENTS

单元一　计算机用电安全 1
　模块1　人体触电及安全用电知识 1
　模块2　电气火灾及安全用电规范 9

单元二　电工技术应用基础 18
　模块1　电工基础知识 18
　模块2　电工工具及应用 29
　模块3　电工仪表及应用 39
　模块4　电线电缆及应用 48

单元三　计算机结构及其工作原理 58
　模块1　计算机电源 58
　模块2　计算机主板 63
　模块3　计算机处理器 75
　模块4　计算机存储设备 77
　模块5　计算机输入输出设备 82
　模块6　计算机外围设备 88
　实训　查看计算机的硬件组成结构 95

单元四　计算机控制照明系统 98
　模块1　照明电路技术基础 98
　模块2　计算机控制照明系统 101
　模块3　照明系统控制应用电工实训 106

单元五　计算机网络电工技术 112
　模块1　网络双绞线传输技术 112
　模块2　光纤传输技术 116
　模块3　POE以太网供电技术 119
　模块4　PLC电力线宽带通信技术 127
　模块5　视频监控系统网络技术 136
　模块6　计算机应用系统接地与防雷技术 149

参考文献 158

单元一　计算机用电安全

完成本单元学习后,你应能:
(1) 认识人体触电危险,会进行触电急救;
(2) 掌握安全用电知识;
(3) 认识电气火灾,会进行电气灭火;
(4) 掌握安全用电基本规范。

建议课时:4 课时

电能的广泛应用,给人类生产和生活带来了极大的方便,但是如果使用不当,就会危及人身安全和设备安全,甚至造成大面积的停电事故。因此,学习安全用电知识是十分重要的。

模块 1　人体触电及安全用电知识

一、触电对人体的伤害

触电,是指人体触及带电的物体,受到较高电压或较大电流的伤害,而引起的局部受伤或死亡的现象。触电分为电击(内伤)和电伤(外伤)两种,触电伤害的特征与危害见表 1-1。

触电伤害的特征与危害　　表 1-1

类　型	特　征	危害与说明
电击	电击常会给人体留下较明显的特征:电标(革状或碳化标记)、电纹(树枝状不规则发红线条)、电流斑(溃疡)	电击是触电事故中最危险的一种。可致使人体产生痉挛、刺痛、灼热感、昏迷、呼吸困难、心室颤动或停跳等现象

续上表

类型		特征	危害与说明
电伤	电灼伤	1. 接触灼伤：发生高压触电事故时，电流通过人体皮肤的出入口造成的灼伤； 2. 电弧灼伤：电流通过空气介质，或电路短路时产生强大的弧光（温度达2000~3000℃）致伤	高温电弧会把皮肤烧伤，致使皮肤发红、起泡或烧焦，电弧还会使眼睛受到严重伤害
	电烙印	由电流的化学效应和机械效应引起，通常在人体与带电体有良好接触的情况下发生。电烙印有时在触电后并不立即出现，而是隔一段时间后才出现	皮肤表面将留下与被接触带电体形状相似的肿块痕迹。电烙印一般不会发炎或化脓，但往往造成局部麻木和失去知觉
	皮肤金属化	由于极高的电弧温度使周围的金属熔化、蒸发并飞溅到皮肤表面，令皮肤表面变得粗糙坚硬，其色泽与金属种类有关，如灰黄色（铅）、绿色（紫铜）、蓝绿色（黄铜）等	金属化的皮肤经过一段时间后会自行脱落，一般不会留下不良后果

人体触电后受伤害程度，与通过人体的电流大小、电流作用时间长短、电流频率高低、电流通过人体的途径等因素有关。通常情况下，40~60Hz的交流电对人体最危险。2mA以下的电流通过人体时仅会产生麻感，对人体影响不大；8~12mA电流通过人体时肌肉会自动收缩，此时身体一般可自动摆脱电源；电流超过20mA时即可导致接触部位皮肤灼伤，皮下组织也会因此碳化；电流超过25mA时即可引起心脏室颤、最终循环停顿而死亡。通常规定交流电36V以下、直流电48V以下为安全电压，对潮湿地面或井下安全电压的规定更低，一般为24V或12V。

二、触电的原因、形式及其预防措施

1. 触电的原因

触电的原因很多，通常可归纳为3种，见表1-2。

触电的原因

表 1-2

序号	原因	图示	举例说明
1	违章操作	 	不按规定使用电工工具及佩戴相应防护用品,不按规范进行操作等
2	缺乏安全用电的基本常识	 电线上晾衣服 　电视电线与电线接触	在电线上晾晒衣物,新建房屋距输电线路过近,带电更换用电器等
3	电器损坏或质量不合格	 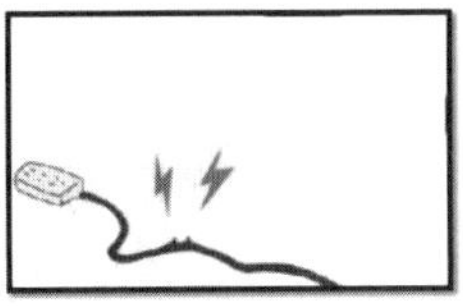 绝缘皮破损	使用劣质用电器,用电器绝缘损坏

2. 人体触电的形式

人体触电的形式见表 1-3。

人体触电的形式

表 1-3

序号	触电类型	图示	说明
1	单相触电	 火线	人体在无绝缘的情况下,直接或间接触及三相火线中的任何一相
2	相间触电	 火线 零线	当人体与大地绝缘时,人的双手或其他部位同时触及两根不同的相线,形成相间触电

续上表

序号	触电类型	图 示	说 明
3	跨步电压触电		当带电设备发生某相接地时,接地电流流入大地。在距接地点不同的地面呈现不同电位,离接地点越近,电位越高。当人的两脚同时踩在带有不同电位的地面两点时,就引起跨步电压,当电压超过人体的安全电压时,人就会触电

3. 触电的预防

为了更好地使用电能,防止触电事故的发生,应严格遵守各种电气设备的操作规程,同时在生产生活中采取一些安全措施。

1)带电作业

带电作业应由经过专业培训、考试合格的电工进行,并有专业人员监护,同时采取必要的安全措施,如穿绝缘靴、站在干燥的绝缘物体上等。

2)设备接地不良

金属外壳的电气设备的电源插头一般使用三极插头,其中带有接地符号的一极应接到专用的接地线上。禁止将接地线接到水管、煤气管等埋于地下的管道上使用。

3)便携式电具、电气设备

(1)应建立经常或定期的检查制度,如发现故障或与有关规定不符合时,应及时加以处理。

(2)使用12V或24V的安全电压。

(3)采纳漏电保护开关或熔断器等保护电器。

4)临时线路

对于临时搭建的线路,严禁使用"一线一地"安装(一线一地是指用一根导线送电并以大地作为回路的供电方式),并且要做好定期检查。

5)跨步电压

当人体突然进入高压线跌落区时,要保持冷静,在看清高压线位置的状况下,双脚并拢,向远离高压线落地点的方向做小幅度跳动。

6)裸露的带电体

对于裸露的带电体应按规定架空,同时设置警告牌或遮拦。

三、触电急救

触电急救,应坚持迅速、就地、准确、坚持的原则。当有人触电(低压触电)时,可按照以下步骤对其进行急救。

1. 脱离电源

触电急救,首先要使触电者迅速脱离电源,越快越好。因为电流作用的时间越长,对触者伤害越重。在脱离电源时,救护人员既要救人,也要注意保护自己。触电者未脱离电源前,救护人员不能直接用手触及伤员。让低压(电压低于1000V)触电者脱离电源的具体方法见表1-4。

低压触电者脱离电源的方法　　　　　表1-4

序号	方　　法	图　示
1	拉:拉开电源开关(刀闸)或拔除电源插头	
2	切:用带有绝缘柄的利器(如电工钳)切断电源线	
3	挑:如不能切断电源,救助者可穿上胶鞋,戴上橡胶手套,用干燥的木棒、竹竿等绝缘物挑开电线;如果没有胶鞋和橡胶手套,最好站在一块干木板或木凳上	
4	拽:可抓住触电者干燥而不贴身的衣服,将其拖拽开电源线,切记要避免碰到金属物体和触电者的裸露身躯	
5	垫:如果电流通过触电者入地,并且触电者紧握电线,可设法把触电者放置于干木板或绝缘垫上,与地隔离	

2. 触电急救的方法

1）伤情判定

触电人员脱离电源后,应先判断其受伤害情况,再决定采取何种急救方法。具体的判断方法见表 1-5。

触电伤员脱离电源后伤情判定方法　　　　表 1-5

序号	伤情判定		图示
1	触电伤员如果神志清醒：应使其就地躺平,严密观察,暂时不要让伤员站立或走动		
2	触电伤员如果神志不清：应就地仰面躺平,且确保其气道通畅。并用 5s 时间,呼叫伤员或轻拍其肩部,以判定伤员是否意识丧失。禁止摇动伤员头部呼叫伤员		
3	需要抢救的伤员：应立即就地坚持正确抢救（心肺复苏）,并设法联系医疗部门接替救治		
备注	呼吸、心跳的判定：触电伤员如意识丧失,应在 10s 内用看、听、试的方法,判定伤员呼吸、心跳情况	看：看伤员的胸部、腹部有无起伏动作	
		听：用耳贴近伤员的口鼻处,听有无呼吸音	
		试：面感口鼻有无呼气的气流。同时用食指和中指试喉结旁凹陷处的颈动脉有无搏动,两侧各 5s	

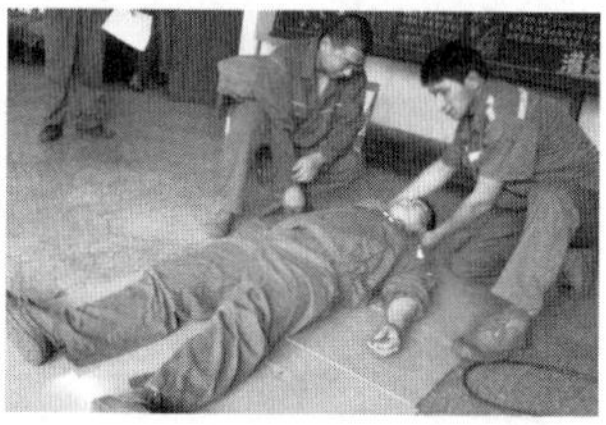

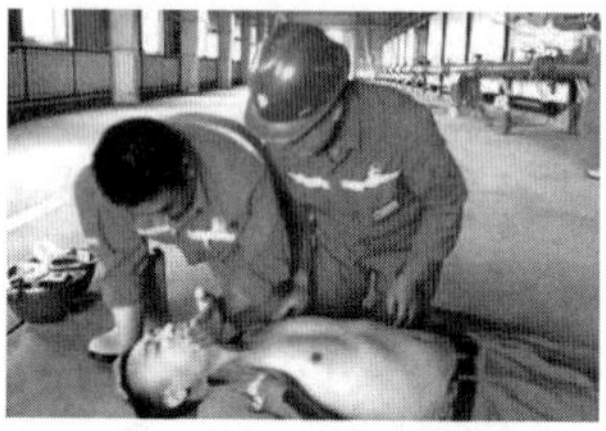

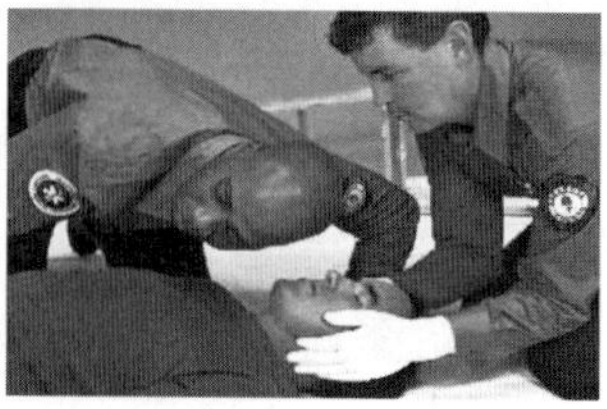

2）触电急救措施

经过"看、听、试"对触电人员确定受伤害情况后,应立即对其进行现场急救。具体触电急救措施如表 1-6 所示。

触电急救措施 表1-6

序号	急救措施	实施方法	图示
1	对"有心跳而呼吸停止"的触电者:应采用"口对口人工呼吸"进行急救	（1）开放气道:将触电者仰天平卧,颈部枕垫软物,松开衣服和裤带,清除触电者口中的血块、假牙等异物。 （2）抢救者跪在病人的一侧,使触电者的鼻孔朝天后仰。 （3）吹气:用一只手捏紧触电者的鼻子,将颈部上抬,深深吸一口气,用嘴紧贴触电者的嘴,大口吹气。 （4）呼气:放松捏着触电者鼻子的手,让气体从触电者肺部排出,如此反复进行,每5s吹气一次,坚持连续进行,不可间断,直到触电者苏醒为止	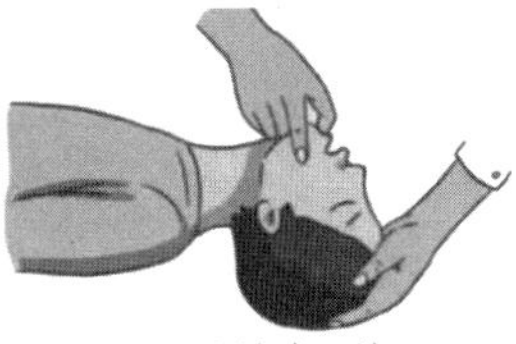 a)开放气道 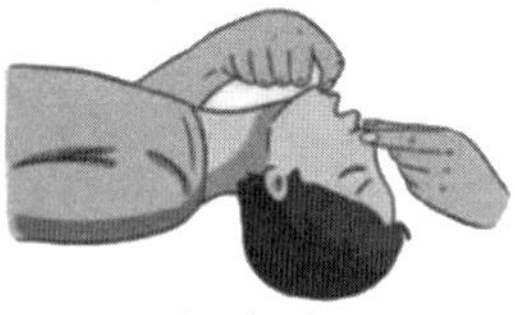 b)捏鼻张口 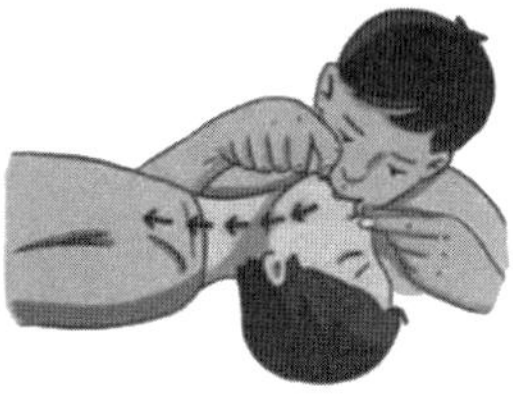 c)吹气 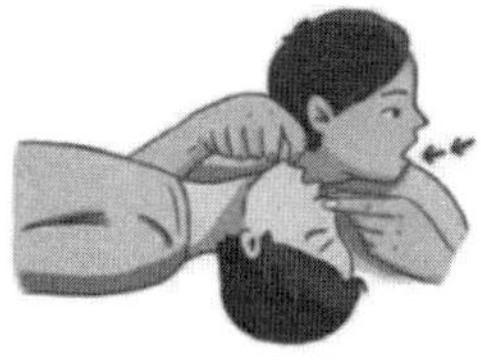 d)呼气
2	对"有呼吸而心跳停止"的触电者:应采用"胸外心脏按压法"进行急救	（1）将触电者仰卧在硬板或地上,颈部枕垫软物使头部后仰,松开衣服和裤带,急救者跪跨在触电者腰部。 （2）急救者将一只手掌根部按于触电者双乳头连线与胸骨交界处,另一只手掌复压在右手背上。	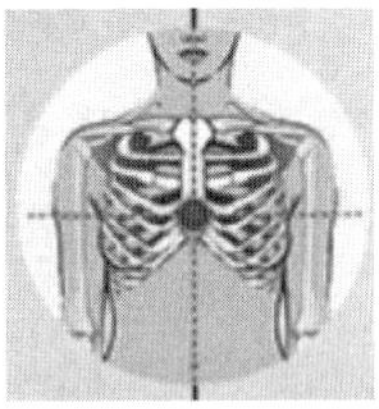 a)双乳头连线与胸骨交界处 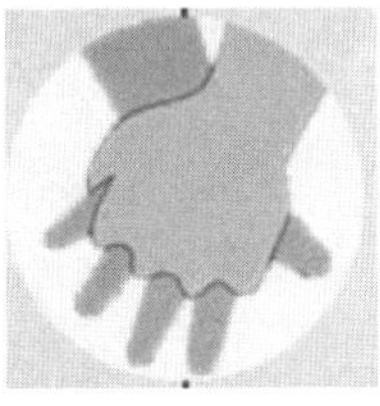 b)一只手掌压在另一手背上,双手交叉互扣

续上表

序号	急救措施	实施方法	图示
2	对"有呼吸而心跳停止"的触电者:应采用"胸外心脏按压法"进行急救	(3)掌根用力下压5~6cm,然后突然放松。按压与放松的动作要有节奏,每分钟100~120次为宜,必须坚持连续进行,不可中断。 (4)在胸外按压时,心脏在胸骨和脊柱之间受挤压,使心脏受压而泵出血液,放松压迫后,心脏舒张,血液流回心脏	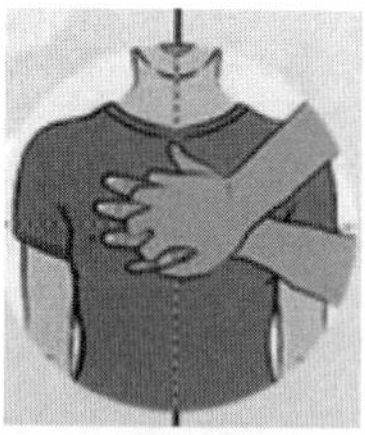 c)成年人下压5~6cm 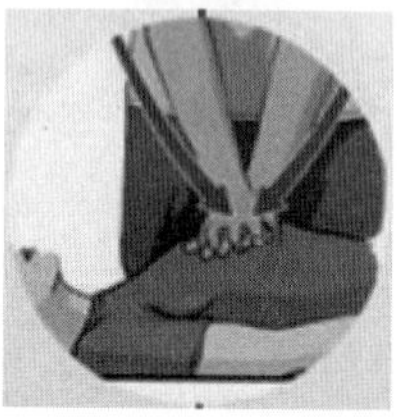 d)按压频率100~120次/min
3	对"呼吸和心跳都已停止"的触电者:进行"心肺复苏术",即同时采用"口对口人工呼吸法"和"胸外心脏按压法"进行急救	(1)单人急救:吹气和按压两种方法应交替进行,即吹气2次,再按压心脏30次,且速度都应快。 (2)两人急救:每5s吹气1次,每1s按压1次,两人同时配合进行。 5个循环后,观察复苏效果	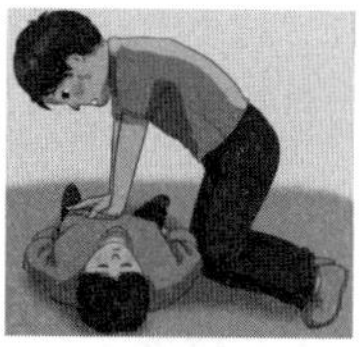 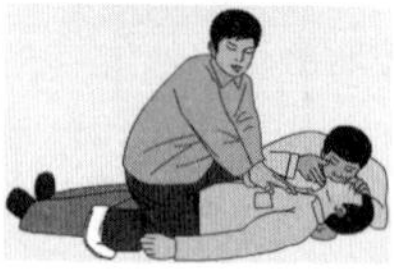

四、计算机安全用电须知

(1)应严格按照有关用电规范安装配电设施,且不得将计算机电源线捆绑放置,并避免被重物压住。

(2)计算机供电线路应与照明、空调电路分开,单独供电。

(3)计算机应有专用接地线,确保接地效果,以免机壳带电,伤害他人。

(4)计算机机房内的电源走线及网络连线应外套PVC槽管,避免踩踏。

(5)办公室、计算机机房等计算机配置较多的地方应特别注意防火、配置消防器材,现场管理人员及操作人员应掌握消防器材使用方法。

(6)计算机使用过程中如出现异响、冒烟或异味等现象时应立即关闭电源,并排查出现异常原因。如个人无法查出异常原因,应交由专业人员进行检查。

(7)计算机房电源总闸应设在管理人员或操作人员易操作、其他人员不易接触的地方,且应有防护措施。

(8)计算机运行中发生停电、断电事故时,应先切断电源,再逐台关闭单机电源,待事故排除后再恢复运行。

(9)计算机房供电出现异常时应立即停止使用设备,并排查异常原因,在供电恢复正常前不得重启设备。

(10)教师、管理人员离开计算机房以前,应检查是否关闭所有计算机及其他电器设备,然后再切断总电源,待一切检查妥当,方可离去。

(11)要避免在潮湿的环境内使用计算机,更不能使计算机淋湿、受潮,这样不仅会损坏机器,还会发生触电危险。

(12)多台计算机及电器不要共用一个插线排座,或者要计算一下插线排座的额定功率是否与电器匹配。

(13)计算机应与墙壁及两侧物品保持一定距离,以利通风散热;要保持计算机清洁,因为机器上积落的尘埃、棉线是引起火灾的主要原因。

(14)给笔记本电脑等设备充电时,要用标配充电器,要放置在通风良好、远离易燃物且底座稳固的地方,避免超长时间充电。

(15)不要随意触碰开关或控制装置,断路保护器要定期进行测试。

(16)计算机或电源线失火时,必须先切断电源后再用黄沙、二氧化碳灭火器或1211灭火器进行灭火,禁止用水、泡沫灭火器进行灭火。

(17)谨记"不接触低压带电体,不靠近高压带电体"的安全用电原则。

模块2 电气火灾及安全用电规范

一、电气火灾

电气火灾一般是由于电气线路、用电设备、器具以及供配电设备出现故障性释放的热能(如高温、电弧、电火花)以及非故障性释放的能量(如电热器具的炽热表面),在具备燃烧条件下引燃本体或其他可燃物而造成的火灾,也包括由雷电和静电引起的火灾。根据火灾发生原因起数分析,电气火灾是火灾发生的主要因素,如图1-1所示。

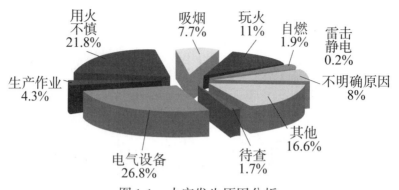

图1-1 火灾发生原因分析

二、电气火灾的类型

电流通过导体时因电阻的存在产生热量,即电流的热效应。正常情况下,其发热量被控制在允许的范围内,一般不会引起火灾事故。在异常情况下,发热量才会迅速增加,温度迅速升高,从而导致火灾。可能引发电气火灾的原因如下。

1. 电气设备过热,产生过高温度而引起火灾

电气设备运行过程中总会发出热量,但在运行过程中如出现异常情况,将导致热量过多、温度急剧升高,则可能引发火灾。

1)过载

电气设备或导线的功率或电流超过其额定值,即为过载。过载可分为线路过载和设备过载两种,见表1-7。当处于过载情况时,将出现设备或导线发热异常增加,此时并不会立即燃烧,不易为人们所发觉。但长时间过载,热量积聚、温度升高,会加速绝缘层老化,最终会引起火灾。过载情况越严重,发生火灾的时间也就越短。

过 载 类 型 表1-7

序号	过载类型	过载原因	举 例
1	设备过载	(1)设计、安装时选型不正确,使电气设备的额定容量小于实际负载容量。 (2)随意增加设备,超过设计容量,出现过载运行情况。 (3)设备检修、维护不当,使设备长期处于带病运行状态	设备绝缘老化、变压器容量过小、电动机缺相等
2	线路过载	(1)私拉乱接电线,增加线路负荷,造成过载运行。 (2)线路检修、维护不及时,使线路带病运行	线路过细、同一线路所接设备过多等

2）短路

短路是电气设备最严重的故障状态之一，电气火灾多数是由短路引起的。设备或线路发生短路故障后，线路中的电流值将急剧增大，通常可增大为正常值的数倍乃至数十倍，此时温度将迅速升高，如果短路点附近有易燃物，便可能引发火灾。

3）接触不良

接触不良主要发生在导线与导线或导线与电气设备的连接处，如发生接头连接不牢、焊接不良、接头表面污损等情况，将会出现接触电阻过大而导致接头过热。

4）漏电

电气线路或设备绝缘损伤后，在特定条件下会发生漏电情况，漏电电流一般不大，不能使线路熔断器熔断，因此不易被察觉。当漏电电流比较均匀地分布时，火灾危险性不大；但当漏电电流集中在某一点时，就可能引起比较严重的局部发热，从而可能引发火灾。

5）通风或散热装置故障

各种电气设备在设计和安装时都会有一定的通风和散热装置，如果这些设施出现故障，也会导致线路和设备过热。

2. 电火花及电弧引发的火灾

电火花或电弧温度高，它们不仅可以引燃可燃物，还能让金属熔化、飞溅，构成危险的火源。

3. 在正常发热情况下因烘烤引发的火灾

电热器具（如电炉、电熨斗等）、照明用灯泡等在正常工作发热状态下，相当于一个火源或高温热源，当其安装、使用不当时，均有可能引发火灾。

三、电气火灾的预防

在电气火灾中，电气线路火灾约占比为60%，而低电压电气线路火灾数量又占电气线路火灾的90%以上，所以电气火灾的预防应主要做好以下几个方面的事项。

（1）合理选用电气设备和导线，不要超负载运行，不得超过使用年限。

（2）在安装开关、熔断器或架设线路时，应避开易燃物，与易燃物保持必要的防火间距。

(3)保持线路或设备连接处的接触正常运行状态,以避免因连接不牢或接触不良,使设备过热。

(4)加强对设备的运行管理。要定期检修、清洁、维护,防止绝缘损坏、电线老化等造成短路。

(5)保证电气设备的通风良好,确保散热效果。

四、电气火灾的扑救

1.切断电源

扑灭电气火灾首先必须立即切断电源,这是防止扩大火灾范围和避免触电事故的重要措施。切断电源时应该注意以下几点。

(1)切断电源时,必须使用可靠的绝缘工具,以防操作过程中发生触电事故。

(2)切断电源的地点选择要适当,以免影响灭火工作。

(3)剪断导线时,非同相的导线应在不同的部位剪断,以免造成人为短路。

(4)如果导线带有负荷,应先尽可能消除负荷,再切断电源。

2.防止火灾扑救时触电及电气设备的二次损坏

扑灭电气火灾不能用水或泡沫灭火器,应当选用干黄沙、二氧化碳灭火器、干粉灭火器等灭火,防止触电。扑灭电气火灾的常用灭火器见表1-8。在扑救电气火灾时,要防止身体、所用的消防器材等直接与有电部分接触或过于接近有电部分,造成触电事故。

扑灭电气火灾常用灭火器及其使用　　　表1-8

名称	适用范围	使用方法	图示
手提式干粉灭火器	适用于扑救各种易燃、可燃液体和易燃、可燃气体火灾,以及电气设备火灾	(1)右手拖着压把,左手拖着灭火器底部,轻轻取下灭火器。 (2)右手提着灭火器到现场。 (3)除掉铅封。 (4)拔掉保险销。 (5)左手握着喷管,右手提着压把。 (6)在距离火焰2m的地方,右手用力压下压把,左手拿着喷管左右摆动,喷射干粉覆盖整个燃烧区	

续上表

名　　称	适用范围	使用方法	图　　示
二氧化碳灭火器	主要适用于各种易燃、可燃液体、可燃气体火灾,还可扑救仪器仪表、图书档案、工艺器具和低压电器设备等的初起火灾	(1) 用右手握着压把。 (2) 用右手提着灭火器到现场。 (3) 除掉铅封。 (4) 拔掉保险销。 (5) 站在距火源2m的地方,左手拿着喇叭筒,右手用力压下压把。 (6) 对着火源根部喷射,并不断前移,直至把火焰扑灭	
泡沫灭火器	主要适用于扑救各种油类火灾、木材、纤维、橡胶等固体可燃物火灾	(1) 右手拖着压把,左手拖着灭火器底部,轻轻取下灭火器。 (2) 右手提着灭火器到现场。 (3) 右手捂住喷嘴,左手执筒底边缘。 (4) 把灭火器颠倒过来呈垂直状态,用劲上下晃动几下,然后放开喷嘴。 (5) 右手抓筒耳,左手抓筒底边缘,把喷嘴朝向燃烧区,站在离火源8m的地方喷射,并不断前进,兜围着火焰喷射,直至把火扑灭。 (6) 灭火后,把灭火器卧放在地上,喷嘴朝下	
推车式干粉灭火器	主要适用于扑救易燃液体、可燃气体和电器设备的初起火灾。推车式灭火器移动方便,操作简单,灭火效果好	(1) 把干粉车拉或推到现场。 (2) 右手抓着喷粉枪,左手顺势展开喷粉胶管,直至平直,不能弯折或打圈。 (3) 除掉铅封,拔出保险销。 (4) 用手掌使劲按下供气阀门。 (5) 左手持喷粉枪管托,右手把持枪把,用手指扣动喷粉开关,对准火焰喷射,不断靠前左右摆动喷粉枪,把干粉笼罩在燃烧区,直至把火扑灭为止	

对于计算机发生的火灾应当选用无腐蚀的安全灭火设施灭火,如二氧化碳、三氟甲烷、七氟丙烷等灭火设备,如图1-2所示。现代数据中心和机房都采用气体灭火系统,自动探测温度与烟雾,自动启动惰性气体充满空间,隔绝空气实现快速灭火。

图1-2　计算机系统常用灭火设备

五、安全用电制度及措施

为了确保安全用电,在技术上保证设备及线路安全性的同时,通过制订安全用电制度,采取必要的安全用电措施,加强安全教育,提高安全用电常识,从根源上防患于未然。

1. 安全用电常识

在使用电能时,应按照安全用电制度去严格实施,主要内容如下。

(1)在电气设备的设计、制造、安装、运行、使用和维护以及专用保护装置的配置等环节中,要严格遵守国家规定的标准和法规。

(2)加强安全教育,普及安全用电知识。

(3)建立健全安全规章制度,如安全操作规程、电气安装规程、运行管理规程、维护检修制度等,并在实际工作中严格执行。

2. 安全用电措施

(1)在线路上作业或检修设备时,应在停电后进行,并采取相应的安全技术措施,具体包括:切断电源、验电、装设临时地线、设置维修及禁止合闸等标志。

(2)对电气设备应采取的一些安全措施包括电气设备的金属外壳要采取保护接地或接零、安装剩余电流动作保护装置、尽可能采用安全电压、保证电气设备具有良好的绝缘性能、采用电气安全用具、设立金属保护护栏并要良好接地、保证人或物与带电体的安全距离、定期检查用电设备等。

1）断电保护措施

施工现场的总配电箱和开关箱应至少设置两级漏电保护器。施工现场所有用电设备，除作保护接零外，必须在设备负荷线的首端处安装漏电保护器。漏电保护器的选择应符合国标《剩余电流动作保护电器（RCD）的一般要求》（GB/T 6829—2017）的要求，开关箱内的漏电保护器，其额定漏电动作电流应不大于30mA，额定漏电动作时间应小于0.1s。应用在潮湿、有腐蚀介质场所的漏电保护器应采用防溅型产品，其额定漏电动作电流应不大于15mA。

2）保护接地措施

保护接地措施，是将电气设备不带电的金属外壳与接地极之间做可靠的电气连接。它的作用是当电气设备的金属外壳带电时，如果人体触及此外壳时，由于人体的电阻远大于接地体电阻，则大部分电流通过接地体流入大地，使得流经人体的电流很小。工作接地、保护接地如图1-3所示。

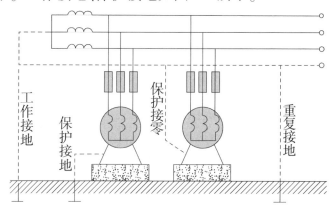

图1-3　工作接地、保护接地、保护接零、重复接地示意图

3）保护接零措施

保护接零措施，是指在电源中性点直接接地的低压电力系统中，将用电设备的金属外壳与供电系统中的零线或专用零线直接做电气连接。保护接零的作用是当电气设备的金属外壳带电时，短路电流经零线而形成闭合电路，使其变成单相短路故障。因零线的阻抗很小，所以短路电流很大，一般大于额定电流的几倍甚至几十倍，这样大的单相短路将使保护装置迅速而准确地动作，快速切断事故电源，保证人身安全，其供电系统为接零保护系统，如图1-3所示。

六、安全用电标志

明确统一的标志是保证用电安全的一项重要措施。统计表明，不少电气事故是由于标志不统一而造成的。例如，由于导线的颜色不统一，误将相线连接设备的机壳而导致机壳带电,酿成触电伤亡事故。

标志可分为颜色标志和图形标志。颜色标志常用来区分各种不同性质、不同用途的导线,或用来表示某处安全程度。我国安全色标采用的标准,与国际标准草案(ISD)基本上相同。一般采用的安全色见表1-9。图形标志一般用来告诫人们不要去接近有危险的场所,如图1-4所示。

电气安全色　　　　　　　　　　　表1-9

序号	颜色	含义	举例
1	红色	表示禁止、停止、消防和危险	如禁止标志、交通禁令标志、设备上的紧急停机按钮等
2	黄色	表示注意、警告	如当心触电、注意安全等
3	绿色	表示遵守规定、指令,安全无事	如表示通行、机器启动按钮等
4	蓝色	表示强制执行	如必须戴安全帽标志等

图1-4　安全用电常用标志

因此,为保证用电安全,必须严格按有关标准使用颜色标志和图形标志。

　课后练习

1. 填空题

(1)触电,是指电流以_____为通路,使身体一部分或全身受到电的刺激或伤害。触电分为_____和_____两种。触电对人体的伤害程度取决于通过人体_____的大小。通常规定交流_____以下、直流_____以下为安全电压。

(2)触电的类型有单相触电、_____、_____。触电急救,首先要使触电者迅速_____。

(3)电气设备的保护一般有_____、_____、欠压和失压保护、断相保护及防误操作保护等。

(4)电气火灾主要有_____、_____、过负荷火灾、接触电阻过大火灾。

(5)安全用电的技术措施有断电保护、_____、_____。

2. 选择题

(1) 电流通过人体时,会对人体产生影响,(　　)大小的电流会对人体产生伤害。

　　A. 8mA　　　　　B. 12mA　　　　　C. 18mA　　　　　D. 30mA

(2) 在计算机安全用电中,错误的一项的是(　　)。

　　A. 计算机使用较集中的地方,为计算机线路提供单独的供电系统。

　　B. 计算机线路的供电线及网线应外套PVC管,埋在地下或者从墙上通过。

　　C. 计算机的电源总闸应设在易操作、人员易接触的地方。

　　D. 计算机使用较集中的地方,应配备二氧化碳灭火器。

(3) 下面会引发电气火灾的有(　　)。

　　A. 高电压　　　B. 线路大电流　　C. 导线超负荷　　D. 设备无接地

(4) 电气火灾发生时不应使用以下哪种灭火器(　　)。

　　A. 干粉灭火器　　B. 泡沫灭火器　　C. 三氟甲烷　　D. 黄沙

(5) 当高压带电体接地时,电流流向大地,人的双脚会形成跨步电压,人与接地点的距离没有危险的是(　　)。

　　A. 4m　　　　　B. 6m　　　　　C. 8m　　　　　D. 12m

3. 思考题

(1) 在不同天气下发生触电事故该如何处理?

(2) 列举日常生活中哪些不良用电习惯存在安全隐患?

(3) 日常生活中如何预防电气火灾?发生电气火灾时应该如何处理?

(4) 计算机机房内应该做好哪些预防火灾发生的措施?

单元二　电工技术应用基础

学习目标

完成本单元学习后,你应能:
(1) 掌握电路的组成、功能及状态;
(2) 掌握电路基本物理量的表示符号、单位;
(3) 认识常用的电阻器、电容器和电感器;
(4) 认识常用电工工具,掌握常用电工工具的使用方法;
(5) 认识常用电工仪表,掌握常用电工仪表的使用方法及注意事项;
(6) 掌握电线、电缆的选择及连接方法。

建议课时:16 课时

模块 1　电工基础知识

一、电路和电路图

1. 电路

1) 电路的组成

电路是由若干电气设备或器件按一定的方式连接起来而构成的电流通路,如图 2-1 所示为手电筒电路。电路通常由电源、负载和中间环节 3 部分组成。

电源是产生电能的装置,它将其他形式的能量转换为电能。如电池将化学能转化为电能,风力发电机将机械能转化为电能等。

负载又称用电器,是消耗电能的装置,它将电能转换为其他形式的能。如灯泡、电炉子、风扇、电动机等。

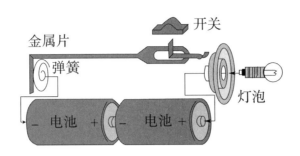

图 2-1　手电筒电路

中间环节是用来传输、分配、控制电能的装置,通过中间环节可以把电能或信号从电源传输到负载。如输电线、开关、熔断器等。

2)电路的基本功能

电路的种类是多种多样的,不同的电路其作用也各不相同,从电路的基本功能上分,可将其分为两类:一类是电能的产生、传输与转换电路;另一类是电信号的产生、传递和处理电路。电力系统是产生、传输与转换电能的典型例子,如图 2-2 所示为简单电力系统示意图。

图 2-2　简单电力系统示意

扩音机电路是进行电信号的产生、传递和处理的电路。如图 2-3 所示为扩音机电路框图。

图 2-3　扩音机电路框图

3)电路的状态

电路通常有通路、断路和短路 3 种状态。

通路又称为闭路,它是指电路各部分连接成闭合回路,此时电路中有电流通过。

断路又称为开路,它是指电路断开,此时电路中没有电流通过。

短路是指电路中的某些部分被导线直接相连,此时电路中的电流不流经负载,而是直接经过连接导线流回电源。

2. 电路图

为便于分析电路的工作原理和性能,便于电路的设计和安装,一般使用电路图来简洁、直观地表达电路中各组成部分的连接关系。在电路图中,用国家标准规定的图形符号来表示组成电路的元器件及其连接情况。电路图中常用的电气图形符号和文字符号见表2-1。

常用电气图形符号和文字符号　　　　表2-1

图形符号	文字符号	名　称	图形符号	文字符号	名　称
—/—	S 或 SA	开关	—⊗—	HL	指示灯、信号灯
—∣⊢—	GB	干电池	—∥—	C	电容器
—▭—	R	电阻器	—Ⓦ—	PW	功率表
—▧—	RP	电位器	—Ⓥ—	PV	电压表
—▷∣—	VD	二极管	—Ⓐ—	PA	电流表
—⊥—		架空导线	○	X	接线端子
—•—		焊接导线	⊥		接地
⊥		接机壳	⌒⌒⌒	L	空芯线圈
—▭—	FU	熔断器	⌒⌒⌒	L	铁芯线圈

手电筒电路(图2-1)的电路图,如图2-4所示。

图2-4　手电筒电路的电路图

二、电路的基本物理量

1. 电流

电荷的定向移动形成电流。电流通常用字母 I 表示,在国际单位制中,电流的单位为安培(A),此外常用的还有千安(kA)、毫安(mA)、微安(μA)等,它们之间的换算关系如下:

$$1kA = 10^3 A, 1A = 10^3 mA = 10^6 \mu A$$

习惯上规定正电荷定向移动的方向为电流的方向。在分析电路时,对电路中某段电流的方向往往难以立即判断出来,此时可先假定电流的参考方向,若测量或计算得出的电流大于零,说明参考方向与实际方向一致;若测量或计算得出的电流小于零,说明参考方向与实际方向相反。电流方向如图2-5所示。

电流的大小称为电流强度,简称电流,是指单位时间内通过导体横截面的电荷量,即:

$$I = \frac{Q}{t}$$

式中，I、Q、t 分别代表电流、电荷量、时间，其单位分别是安培（A）、库伦（C）、秒（s）。

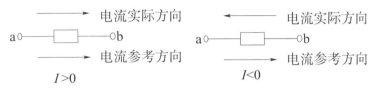

图 2-5　电流方向

在生产和生活中，常把电流分为直流电和交流电两类。若电流的方向不随时间的变化而变化则称其为直流电流，用符号 DC 表示。若电流的大小和方向都随时间而变化，则称其为交流电，用符号 AC 表示。如图 2-6 所示为交流电流与直流电流的波形图。

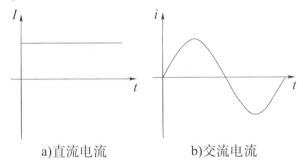

a）直流电流　　　　b）交流电流

图 2-6　交流电流与直流电流波形图

电路中交、直流电流的大小可以使用交流电流表和直流电流表进行测量。测量电流大小时，电流表必须串接到被测的电路中，直流电流表表壳接线柱上标有极性的记号，应和电路的极性相一致，即代表正极的接线柱接电源正极一侧，代表负极的接线柱接电源负极一侧，不能接反。电流表的接法如图 2-7 所示。在测量前应先估计被测电流的大小，以便选择合适的量程。

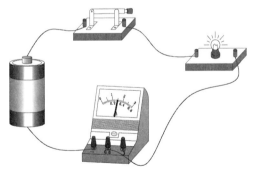

图 2-7　电流表的接法

2．电位、电压和电动势

1）电位

电位是指单位正电荷 q 从电路中一点移动至参考点时电场力所做功的大小。

电位的单位是伏特(V)。电位通常用 V 表示。

要确定电路中某点的电位,首先要选定参考点,参考点可以任意选取,通常选大地、设备外壳或电路的公共节点作为参考点。在电路图中参考点用符号"⊥"表示。参考点一经选定,电路中各点的电位值就是唯一的;当选择不同的电位参考点时,电路中各点电位值将改变。参考点的电位为零。

2)电压

电路中 a、b 两点间的电压是指单位正电荷由 a 点移动到 b 点时电场力所做功的大小。电压用符号 U 表示,在国际单位制中,电压的单位是伏特(V),此外还有千伏、毫伏、微伏等,它们之间的换算关系如下:

$$1\text{kV} = 10^3\text{V}, 1\text{V} = 10^3\text{mV} = 10^6\text{μV}$$

电压的方向规定为由高电位指向低电位。在分析复杂电路时,电压的实际方向是难以事先判定的,因此要先假定某段电路两端电压的参考方向,当测量或计算得出的电压值为正时,说明假定的参考方向与实际方向一致;当测量或计算得出的电压值为负时,说明假定的参考方向与实际方向相反。

电压参考方向的表示方法有 3 种,如图 2-8 所示。

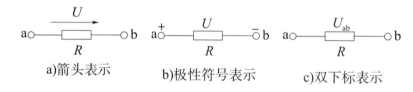

a)箭头表示　　b)极性符号表示　　c)双下标表示

图 2-8　电压参考方向

电路中交、直流电压的大小可以使用交流电压表和直流电压表进行测量。用电压表测量电压时,必须将电压表并联到被测电路的两端。直流电压表表壳接线柱上标有极性的记号,应和电路的极性相一致,即代表正极的接线柱接电源正极一侧,代表负极的接线柱接电源负极一侧,不能接反。电压表接法如图 2-9 所示。在测量前应先估计被测电压的大小,以便选择合适的量程。

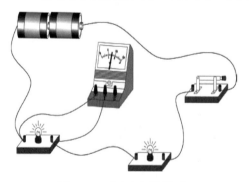

图 2-9　电压表的接法

3)电动势

电源力将单位正电荷从电源负极经电源内部移动到正极所做的功称为电源的电动势。电动势用符号 E 表示,单位为伏特(V)。电动势的方向规定为在电源的内部由负极指向正极。

对于一个电源来说,既有电动势,两端又有端电压。电动势只存在于电源内部,数值上等于电源没有接入电路时两电极间的电压;而端电压是电源输出的加在外电路两端的电压。一般情况下,因为电源内阻的存在,电源的端电压总是低于电源的电动势,只有当电源开路时,电源的端电压才与电源的电动势相等。

3. 电功和电功率

1) 电功

电流流过负载时,负载将电能转化成其他形式的能,这一过程称为电流做功,电流所做的功就称为电功。电功用符号 W 表示,单位为焦耳(J)。电功的另一常用单位为千瓦时(kW·h),即通常所说的"度"。千瓦时和焦耳的换算关系为:

$$1kW \cdot h = 3.6 \times 10^6 J \tag{2-1}$$

电流流经一段电路所做的功等于这段电路两端的电压 U、电路中的电流 I 和通电时间 t 三者的乘积,即:

$$W = UIt \tag{2-2}$$

电路消耗电能的多少即电功,可以通过电能表进行测量。

2) 电功率

电流在单位时间内所做的功称为电功率,用符号 P 表示,单位是瓦特(W),简称瓦。电功率这一物理量表征了电流做功的快慢,其计算式为:

$$P = \frac{W}{t} = UI \tag{2-3}$$

对于纯电阻电路上式还可写为:

$$P = \frac{U^2}{R} = I^2 R \tag{2-4}$$

电功率的大小可以通过功率表进行测量。

三、电路的基本元件

1. 电阻元件

1) 电阻和电阻率

电流流过导体时,做定向移动的电荷与导体内部的带电粒子发生碰撞,使导体对电流具有一定的阻碍作用,导体对电流的这种阻碍作用称为电阻。电阻用符号 R 表示,其单位为欧姆(Ω),简称欧。比欧姆大的单位还有千欧(kΩ)、

兆欧(MΩ),它们之间的换算关系为:
$$1\mathrm{M}\Omega = 10^3\mathrm{k}\Omega = 10^6\Omega$$

导体电阻的大小 R 与导体的材料、长度 l 和横截面积 S 及温度有关,在一定温度下其计算公式为:

$$R = \rho \frac{l}{S} \tag{2-5}$$

式中,ρ 称为材料的电阻率,单位为欧姆米,简称欧米,用符号 $\Omega \cdot \mathrm{m}$ 表示。电阻率的大小与导体的材料及温度有关,它的大小反映了物体的导电能力。导体的电阻率较小,容易导电;绝缘体的电阻率很大,几乎不导电。

2) 电阻的连接

两个或两个以上的电阻头尾相连串接在电路中,称为电阻的串联。电阻的串联电路如图2-10所示。

电阻串联电路具有以下特点:

(1) 电路中流过每个电阻的电流都相等。

$$I = I_1 = I_2 = \cdots = I_n \tag{2-6}$$

(2) 电路两端的总电压等于各电阻两端的分电压之和,即

$$U = U_1 + U_2 + \cdots + U_n \tag{2-7}$$

(3) 电路的等效电阻(即总电阻)等于各串联电阻之和,即

$$R = R_1 + R_2 + \cdots + R_n \tag{2-8}$$

两个或两个以上电阻,首首相连、尾尾相连并接在电路中,称为电阻的并联。电阻并联电路,如图2-11所示。

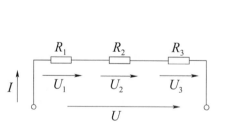

图2-10 电阻的串联电路　　图2-11 电阻的并联电路

电阻并联电路具有以下特点:

(1) 电路中各电阻两端的电压相等,且等于电路两端的电压。

$$U = U_1 = U_2 = \cdots = U_n \tag{2-9}$$

(2) 电路的总电流等于流过各电阻的电流之和,即

$$I = I_1 + I_2 + \cdots + I_n \tag{2-10}$$

(3)电路的等效电阻(即总电阻)的倒数等于各并联电阻的倒数之和,即

$$\frac{1}{R} = \frac{1}{R_1} + \frac{1}{R_2} + \cdots + \frac{1}{R_n} \tag{2-11}$$

3)电阻器

电阻器简称电阻,它是由各种不同电阻率的材料制成的。电阻器主要是用来稳定和调节电路中的电压和电流,作为分流器、分压器和负载使用。

(1)常用电阻器。电阻器的分类方式很多。按制作材料,可分为碳膜电阻、金属膜电阻、绕线电阻;按用途,可分为精密电阻、高频电阻、熔断电阻、敏感电阻;按其阻值是否可变,可分为固定电阻和可变电阻。常用电阻器外形见表2-2。

常用电阻器外形　　　　表2-2

类　　型	名　　称	外　　形
固定电阻器	碳膜电阻器	
固定电阻器	绕线电阻器	
固定电阻器	金属膜电阻器	
可变电阻器	滑动变阻器	
可变电阻器	带开关电位器	
可变电阻器	微调电位器	

(2)敏感电阻器。敏感电阻器是指电阻值随温度、电压、湿度、光照程度、压力等状态的变化而显著变化的电阻器。如热敏电阻、压敏电阻、光敏电阻、湿敏电阻等。常用敏感电阻器的外形和符号见表2-3。

敏感电阻器的外形和符号　　　　　表 2-3

名　称	外　形	图形符号	文字符号
光敏电阻			RL
热敏电阻			RT
压敏电阻			RV

2. 电容元件

电容器是电气设备中的一种重要元件,在电子技术及电工技术中有很重要的作用。电容器广泛应用于各种高低频电路和电源电路中,起耦合、滤波、旁路、谐振等作用。

1) 电容器的基本概念和类型

两个相互绝缘又靠得很近的导体就构成了一个电容器。两个导体称为电容器的极板,中间的绝缘材料称为电容器的介质。电容器的结构如图 2-12 所示。

电容器的基本作用是储存和释放电荷,电容器充放电的过程就是电荷储存和释放的过程。电容器充电时,两极板上分别带上等量的异种电荷,存储能量;放电时,两极板上带的正负电荷进行中和,释放能量。

电容器种类很多。电容器按电容量是否可变,可分为固定电容器和可变电容器;按绝缘介质的不同,又

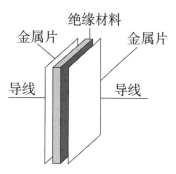

图 2-12　电容器的结构

可分为空气、纸质、云母、陶瓷、涤纶、聚苯乙烯、金属化纸质、电解、金属钽电容等。常用电容器的外形及符号见表2-4。

常用电容器外形及符号　　　　　表2-4

名　　称	外　　形	图 形 符 号
电力电容器		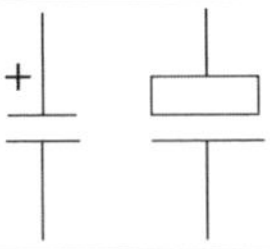
电解电容器		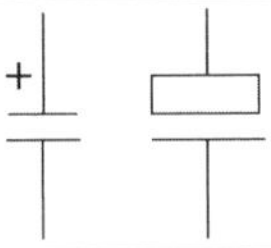
瓷介电容器		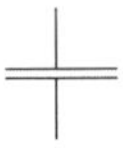
涤纶电容器		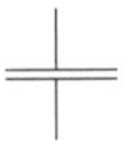
可变电容器		
微调电容器		

2) 电容量

电容量简称电容,是指电容器储存电荷的能力,它在数值上等于电容器在单位电压作用下所储存的电荷量,即

$$C = \frac{Q}{U} \tag{2-12}$$

电容是电容器的固有属性,它只与电容器的极板正对面积、极板间距离以及极板间电介质的特性有关,而与外加电压的大小,电容器带电多少等外部条件无关。

若平行板电容器极板正对面积为 S,两极板间的距离为 d,介电常数为 ε(指物质保持电荷的能力),则平行板电容器的电容量计算式为:

$$C = \frac{\varepsilon S}{d} \tag{2-13}$$

电容的单位是法拉(F),常用的较小的单位有微法(μF)和皮法(PF),它们之

间的换算关系如下：

$$1F = 10^6 \mu F = 10^{12} PF$$

3）电容器的连接

（1）电容器的串联。图 2-13 为电容器串联电路。电容器串联之后，相当于增大了两极板间的距离，总电容小于每个电容器的电容。此时，总电容的倒数等于各电容器的电容倒数之和，且每个电容器所带电荷量相等。

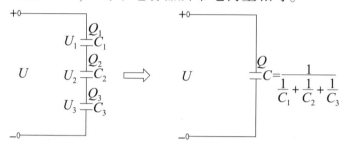

图 2-13　电容器串联电路

$$\frac{1}{C} = \frac{1}{C_1} + \frac{1}{C_2} + \frac{1}{C_3} \tag{2-14}$$

$$Q_1 = Q_2 = Q_3 \tag{2-15}$$

（2）电容器的并联。图 2-14 为电容器并联电路。电容器并联之后，相当于增大了两极板的面积，所以总电容大于每个电容器的电容。此时，总电容等于各电容器的电容之和，且电容器储存的总电荷量等于各电容器所带电荷量之和。

$$Q = Q_1 + Q_2 + Q_3 \tag{2-16}$$

$$C = C_1 + C_2 + C_3 \tag{2-17}$$

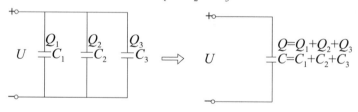

图 2-14　电容器并联电路

3. 电感元件

电感器是一种储存电能的元件，其基本结构是用铜导线绕成的圆筒状线圈，有的带有磁芯。电感器在电路中起着阻流、变压、传送信号等作用，被广泛应用于电子电路中的滤波器、调谐放大器等。

电感器根据有无磁芯，分为空芯电感器、有芯电感器；根据工作频率，可分为高频电感器和低频电感器；根据封装形式，分为普通电感器、环氧树脂电感器、贴片电感器;根据电感量是否可调,分为固定电感器和可调电感器。常用电感器外形及符号见表2-5。

常用电感器外形及符号　　　　　　　表2-5

名　称	外　形	图形符号
空芯电感线圈		
磁芯电感线圈		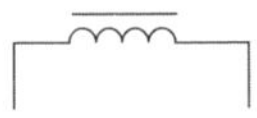
铁芯线圈		
微调电感器		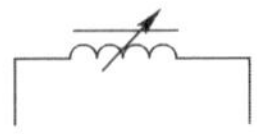
带中心抽头电感器	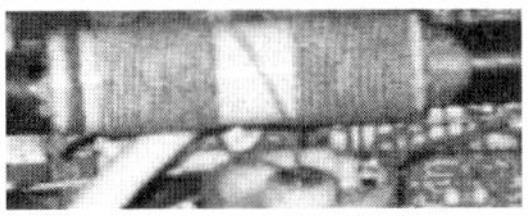	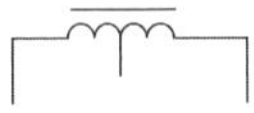
贴片电感器	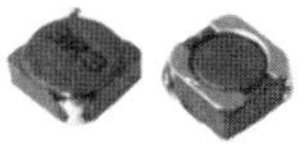	

模块2　电工工具及应用

电工工具是电工作业人员在安装电路、更换电器、检测故障等工作中经常使用的工具,如螺丝刀、验电器、钢丝钳、电工刀等。电工工具使用人员能否熟练、规范地使用电工工具将直接影响工作效率、工作质量以及自己和他人的生命安全。在本模块中将介绍常用电工工具的性能、结构、使用方法及操作规范等内容。

一、螺丝刀

螺丝刀又名旋具,它是拆卸和紧固螺钉的工具。螺丝刀由手柄和金属杆组成,其手柄通常有木柄、塑料柄和橡胶柄3种。螺丝刀的种类和规格有很多,其种类按头部形状的不同可分为一字和十字两种,如图2-15所示。其常用的规格有50mm、100mm、150mm、200mm等几种。

图 2-15　螺丝刀

使用小螺丝刀时，一般用食指顶住握柄末端，大拇指和中指夹住握柄旋动；使用大螺丝刀时用手掌顶住握柄末端，大拇指、食指和中指夹住握柄旋转；在使用金属杆较长的螺丝刀时，用左手握住金属杆的中间部分，右手压紧并旋转，以免螺钉旋具滑脱，此时左手不得放在螺钉周围，以免旋具滑出将手划破。螺丝刀的使用方法如图 2-16 所示。

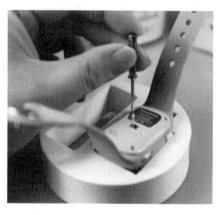 

a) 小螺丝刀的使用方法　　　　　b) 大螺丝刀的使用方法

图 2-16　螺丝刀的使用方法

二、钢丝钳

钢丝钳又称老虎钳，主要用于剪切或夹持导线、金属丝和工件。钢丝钳包括钳头和钳柄两部分，钳头由钳口、齿口、刀口和铡口组成。钢丝钳钳头结构如图 2-17 所示。

钢丝钳的钳口用来弯绞和钳夹导线线头；齿口用来紧固或松动螺母；刀口用来剪切导线或剥削导线绝缘层；铡口用来铡切导线线芯、钢丝等较硬金属丝。钢丝钳的使用方法如图 2-18 所示。

电工用钢丝钳要带绝缘手柄，其绝缘护套耐压为 500V，因此钢丝钳只适合在 500V 以下的带电设备上使用。

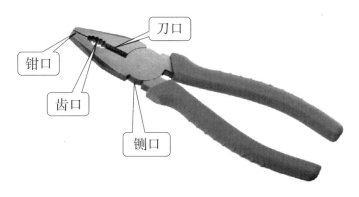

图 2-17　钢丝钳钳头结构

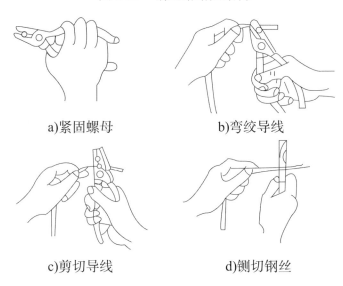

图 2-18　钢丝钳的使用方法

三、尖嘴钳

尖嘴钳头部尖细,适用于在狭小的空间操作。主要用于切断细小的导线、金属丝;夹持小螺钉、垫圈及导线等物件;还可将导线端头弯曲成所需的各种形状。尖嘴钳外形如图 2-19 所示。

图 2-19　尖嘴钳

尖嘴钳的使用方法有平握法和立握法两种,如图 2-20 所示。

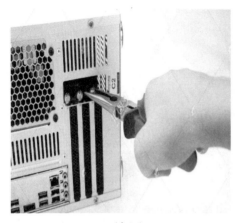 

a)平握法　　　　　　　　　　　　b)立握法

图 2-20　尖嘴钳的使用方法

四、斜口钳

斜口钳又称断线钳,主要用于剪短较粗的电线、金属丝及导线电缆。电工常用绝缘手柄斜口钳,其绝缘耐压为 500V。斜口钳外形如图 2-21 所示。

在使用斜口钳时,应注意使钳口朝下,以防止被剪下的线头伤人,如图 2-22 所示。斜口钳不能用于剪切较粗的钢丝、钢丝绳、较粗的铜导线、铁丝及螺钉等硬物,以防损坏其钳口。严禁使用绝缘套已损坏的斜口钳剪切带电导线,以避免发生触电事故,保证人身安全。

图 2-21　斜口钳

图 2-22　斜口钳的使用

五、剥线钳

剥线钳主要用于剥削截面积为 $6mm^2$ 以下的塑料、橡胶绝缘电线、电缆芯线绝缘层,如图 2-23 所示。剥线钳由刀口和钳柄组成。绝缘手柄一般套有绝缘套管,其耐压为 500V。

图 2-23　剥线钳

剥线钳的使用(图 2-24)方法如下:

(1)根据电缆线的粗细型号,选择剥线钳上相应的剥线刀口。

(2)将准备好的电缆线放在剥线钳对应的刀刃中间,选择好要剥线的长度。

(3)握住剥线钳手柄,将电缆线夹住,缓缓用力使电缆线外表皮慢慢剥落。

(4)松开剥线钳手柄,取出电缆线,这时电缆线中金属导线整齐露出外面,其余绝缘塑料完好无损。

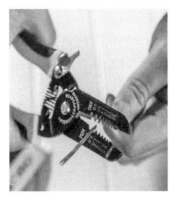

图 2-24　剥线钳的使用

六、网线钳

网线钳是用来压接网线、电话线和水晶头的工具,它有一个用于压线的六角缺口,网线钳一般同时具有剥线和剪线功能。

网线钳按功能可分为单用、两用和三用共3类。单用又可分为4P(可压接4芯线)、6P(可压接6芯线)和8P(可压接8芯线)。两用的规格:4P+6P、4P+8P或6P+8P。三用的为4P+6P+8P,功能齐全。网线钳如图2-25所示。

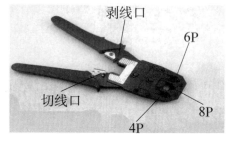

图2-25 网线钳

网线钳的使用方法(图2-26)如下:

(1)将网线放入网线钳专用的剪线口,用力按压把手,松开把手观察线头是否剪切平整。

(2)将剪切平整的网线放入剥线口,握紧网线钳把手并旋转网线钳,松开把手,取出网线,去除网线的外皮。

(3)将剥开的网线按顺序梳理平整,并留出2~3cm的长度。

(4)将水晶头弹片朝下,将剪好的网线插头插入水晶头,塞入顶部。

(5)将水晶头放入网线钳上的压线口,检查水晶头与簧片是否对齐,压紧网线钳把手,将簧片压入网线。

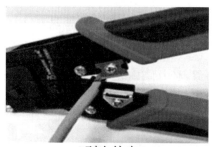

a)剥去外皮

b)按顺序

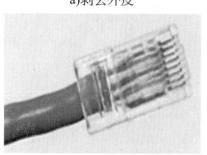

c)网线插入水晶头

d)压接水晶头

图2-26 网线钳的使用

七、电工刀

电工刀主要用来剖削和切割导线绝缘层、切削塑料槽、削制木榫。电工刀一般分为两类:单用电工刀和多用电工刀,如图 2-27 所示。

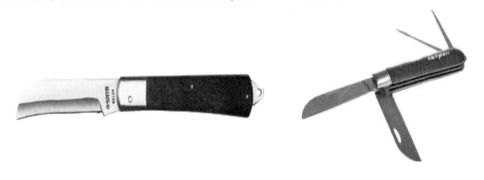

a)单用电工刀　　　　　　　　b)多用电工刀

图 2-27　电工刀

1. 电工刀剖削导线的操作方法(图 2-28)

(1)电工刀以 45°角切入导线绝缘层。

(2)电工刀与线芯保持约 25°角,用力向线端推削,削去上面一层塑料绝缘层。

(3)将塑料绝缘层向后面扳翻,用电工刀齐根切去。

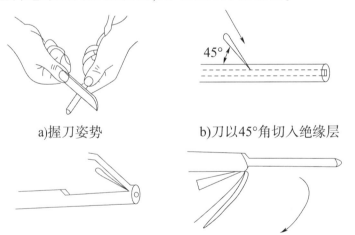

a)握刀姿势　　　　　　b)刀以 45°角切入绝缘层

c)刀以 25°角倾斜推削　　d)向后扳翻剩余绝层后齐根切去

图 2-28　电工刀剖削导线

2. 电工刀剖削护套层的操作方法(图 2-29)

(1)根据长度在指定处横向划一深痕,但不能损伤芯线绝缘层。

(2)找准芯线中间缝隙,划破护套层。

(3)向后扳翻护套,用刀齐根切去。

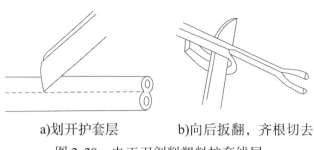

a) 划开护套层　　　　b) 向后扳翻，齐根切去

图 2-29　电工刀剖削塑料护套线层

八、验电笔

验电笔简称电笔，是用来检验导线和电气设备是否带电的一种电工检测工具，其检测范围为 60~500V。验电笔按其结构形式，分为笔式和旋具式；按其显示形式，分为发光式和数显式，如图 2-30 所示。

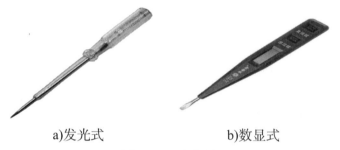

a) 发光式　　　　b) 数显式

图 2-30　验电笔

旋具式低压验电笔由笔尖、电阻、氖管、弹簧、笔身、笔尾金属体等部分组成，如图 2-31 所示。使用时手应触及笔尾金属部分。笔式低压验电笔由氖泡、电阻器、弹簧、笔身和笔尖等组成，使用时以手指触及笔尾的金属体，使氖管小窗背光朝向操作者。数显式低压验电笔可通过显示窗直接读出被测电压的具体数值。低压验电笔的使用方法如图 2-32 所示。

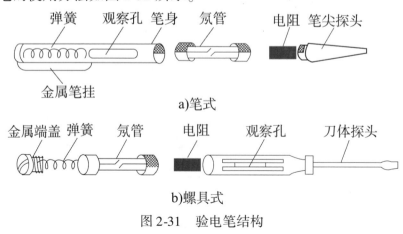

图 2-31　验电笔结构

a) 错误握法

b) 正确握法

图 2-32　验电笔的使用方法

九、电动工具简介

随着国民经济稳步发展、城市化持续进行、居民消费水平不断提升,电动工具被广泛应用于国民经济各个领域。

1. 常见电动工具

常见电动工具有手电钻、冲击电钻、电动扳手、电动螺丝刀和砂轮电动切割机等,如表2-6所示。

常见电动工具　　　　表2-6

名　　称	电工主要应用	图　示
手电钻	携带方便的小型钻孔用工具,用于在金属、木头等物体上钻孔	
冲击电钻	以旋转切削为主的钻孔工具,用于砖、砌块、轻质墙等材料的钻孔	

续上表

名　　称	电工主要应用	图　　示
电动扳手	以电源或电池为动力的扳手,主要用于拧紧高强度螺栓	
电动螺丝刀	用于拧紧或旋松螺钉的电动工具	
砂轮电动切割机	用于对金属方扁管、角铁等材料进行切割	

2. 电动工具的特点

电动工具相对于气动工具而言具有如下的特点是结构轻巧、体积小、质量小、振动小、噪声低、运转灵活、便于控制与操作,携带使用方便,坚固且耐用。与手动工具相比可提高劳动生产率数倍到数十倍;比风动工具效率高、费用低且易于控制。

3. 电动工具的选用

电动工具相对于手动工具而言,使用时要不停移动、振动大、噪声高。电源线易受拖拉、摩擦或机械等外力挤压而损伤,使绝缘强度受到破坏,造成人身触电伤亡。为防止事故发生,应正确选用电动工具。

(1)选择具有"3C"认证(中国强制性产品认证)的合格品。

(2)一般场合应选用Ⅱ类产品,该类设备具有双重绝缘,使用相对安全。在潮湿场所或金属构架等导电性能良好场所工作,应选用Ⅱ类或Ⅲ类产品。

(3)使用前要对其进行仔细检查,电源引线和电动工具的外壳应完好,开关动作灵活无卡涩,相关电气保护装置和机械保护装置应完好。金属外壳的手持电动工具应有可靠的保护接地线。

(4)使用中,应严格遵守相关的安全操作规程。

(5)使用后,应及时关机、断电。

在电工应用领域,电动工具一般为手持式,为防止事故发生,锂电池化趋势明显,无绳电动电工工具不断得到普及。

模块 3　电工仪表及应用

电工仪表是用来测量各种电量、磁量及电路参数的仪器仪表。电工仪表在使用时经常需要安装在电气设备中,在保障电气设备安全、经济、合理运行的监测及故障检修中起着重要的作用。电工仪表的结构、性能及使用方法会影响电工测量的准确度,因此,计算机专业的从业者,应了解常用电工仪表的基本结构,掌握常用电工仪表的使用方法。

一、万用表及其使用

万用表又称为多用表、复用表,它是一种多功能、多量程的便携式测量仪表,可用来测量直流电压、直流电流、交流电压、电阻、电容量、电感量及半导体的一些参数。常用的万用表有模拟式和数字式两种。

1. 模拟式万用表

1)模拟式万用表的结构

模拟式万用表的结构包括表头、测量电路和转换开关三部分,MF-47 型指针式万用表外形及结构,如图 2-33 所示。

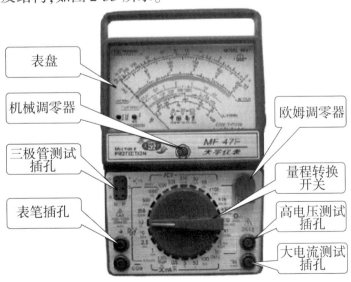

图 2-33　MF-47 型指针式万用表外形及结构

万用表的表头是一高灵敏度直流电流表,其主要作用是把相关电量转换为仪表指针的机械偏转角。测量电路是为测量不同的电学参量和不同量程而设计的电路,主要作用是把各种不同的被测电量(如电压、电流、电阻等)转换为磁电系测量机构所能接受的微小直流电流。转换开关是用来切换相应测量线路的。

2)模拟式万用表的使用方法

(1)机械调零。

万用表使用前先观察一下看其指针是否与左边零刻度线对齐,若没有对齐,则用螺丝刀旋转万用表上的机械调零旋钮,使万用表与左侧零刻度线对齐;若指针与左边零刻度线对齐,则无须调整。

(2)选择正确的表笔插孔。

使用时将红表笔插入标有"+"的插孔,黑表笔插入标有"COM"的插孔。如要测量高电压或大电流时,红表笔则应插入标有"2500V"或"10A"的插孔中。

(3)选择合适的量程。

根据被测对象及估算的被测量的大小,将转换开关打到相应的挡位。若无法估算被测对象的大小则应将转换开关置于最大挡,然后根据指针的偏转程度逐步减小到合适的量程。为减小测量误差,在测量电流和电压时,应使指针指在标度尺 2/3 以上的位置;在测量电阻时,应使指针指在标度尺的中间部分。

(4)测量并读数。

①电阻的测量及计算。

在测量前首先要进行欧姆调零。即把万用表的红黑两表笔短接,观察指针是否指在右侧欧姆零位,若指针指在欧姆零位则无须调整;若指针没有指在欧姆零位,则要旋转欧姆调零旋钮使指针指在欧姆零位。然后用右手握持两表笔,左手拿住电阻器中间处,将表笔跨接在电阻器的两引线上。观察指针位置,读出指针指示刻度的大小,计算出电阻值的大小。

电阻值计算式:

$$电阻值 = 指针所指刻度 \times 倍率$$

②直流电流值的测量及计算。

将万用表串接于被测电路中,使红表笔接电流流入端,黑表笔接电流流出端。观察指针位置,读出指针指示刻度的大小,计算出电流值的大小。

电流值计算式:

$$电流值 = 指针所指刻度 \times 挡位量程/标度尺最大刻度$$

③直流电压值的测量及计算。

将万用表两表笔并联在被测电路或元器件两端,红表笔接高电位点,黑表笔接低电位点。观察指针位置,读出指针指示刻度的大小,计算出电压值的大小。

电压值的计算式:

$$电压值 = 指针所指刻度 \times 挡位量程 / 标度尺最大刻度$$

3)模拟式万用表使用注意事项

(1)测电阻值时不能带电测量,且每次换挡都要重新进行欧姆调零。

(2)使用万用表测量直流量时,要注意正负极性不得接反,以免指针反转。

(3)在测量高电压或大电流时,应切断电源后再变换量程。

(4)万用表使用完成后,应将量程开关打到交流电压最高挡。若长期不用,还应将电池取出。

2. 数字式万用表

1)数字式万用表的结构

数字式万用表具有测量精度高、显示直观、功能全、使用简单等优点,已逐步被广泛应用。DT9205A型数字式万用表的外形和结构,如图2-34所示。

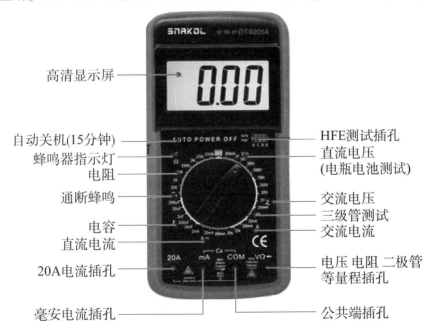

图2-34 DT9205A型数字式万用表

2)数字式万用表的使用方法

(1)按下数字式万用表的电源开关。

(2)将两表笔插入相应的插孔。将黑表笔插入"COM"插孔。当测量电压或电阻时,将红表笔插入"V/Ω"插孔。当测量电流时,若测小电流则将红表笔插入"A"插孔;若测大电流则将红表笔插入"20A"插孔。

(3)测量并读数。用数字式万用表测量电压、电流和电阻的方法与指针式万用表类似。测量完成后直接读出液晶屏测量值,并确认单位。

3)数字式万用表使用注意事项

(1)测量时如果显示器显示"1",表示所选量程过小,量程开关应置于更高量程。

(2)严禁在测量高电压和大电流时转换量程开关,以防止产生电弧,烧毁开关触点。

(3)万用表使用完毕后,应将量程开关打到"OFF"挡。若长期不用应将电池取出。

二、钳形电流表及其使用

钳形电流表用来在不断开电路的情况下测量或监视交流线路或设备的电流,常用于线路的检修或设备的维护过程中。

1. 钳形电流表的结构组成

钳形电流表由电流互感器和电流表组成,它不仅能测量交流电流,还可以测量交流电压、直流电压、电阻等参数。钳形电流表,如图2-35所示。

2. 钳形电流表的使用方法

在测量交流电流时首先根据估算的被测电流的大小,将钳形电流表的转换开关拨至合适的量程。在无法估计被测电流的大小时,则应从最大量程开始,逐步换成合适的量程。然后手持胶把手柄,用食指钩紧钳头扳机打开铁心钳口,将被测载流导线置于钳口的中央位置,待读数稳定后从液晶显示屏上直接读出电流的大小,如图2-36所示。

3. 钳形电流表使用注意事项

(1)测量前应检查钳形电流表是否完好。

(2)测量时应将钳口紧密闭合,以减小由于漏磁造成的测量误差。如有噪声,可重新开合一次;如仍有杂声,应检查并清除钳口污垢后再进行测量。

(3)钳形电流表改换量程时应将导线从钳口取出再换挡。

(4)测量较小的电流时,可以将被测载流导线围绕钳口绕若干匝后进行测量。此时,被测电流的大小是仪表的读数除以所绕匝数。

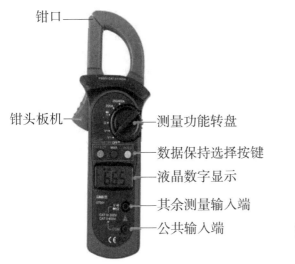

图 2-35 钳形电流表

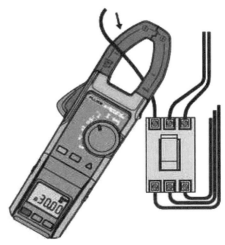

图 2-36 钳形电流表的使用

三、兆欧表及其使用

兆欧表又称绝缘电阻表或摇表,主要用来测量电气设备、家用电器或电气线路地及相间的绝缘电阻。

1. 兆欧表的结构组成

兆欧表主要由磁电系比率表、手摇直流发电机、测量线路及接线柱(L、E、G)组成。兆欧表的外形及结构,如图 2-37 所示。

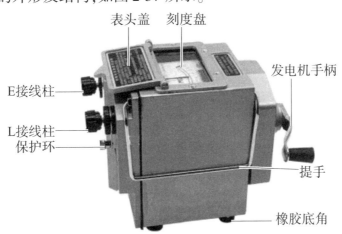

图 2-37 兆欧表的外形及结构

2. 兆欧表的使用方法

1)测量前的开路和短路实验

开路实验:将 L、E 两表笔开路,摇动手柄至 120r/min,兆欧表指针稳定在刻度尺"∞"处为正常。

短路实验:将 L 和 E 两表笔短接,慢慢摇动手柄,表指针指向"0"处为正常。此时摇动停止,切勿加速,以免烧坏兆欧表。

2)测量前的接线

测量时 E 接线柱应与待测电气设备的外壳或地线连接;L 接线柱应与电气设备的待测部位连接;G 为保护环应与被测设备的屏蔽层连接。

(1)照明及动力线路绝缘电阻的测量接线。

照明及动力线路绝缘电阻的测量接线,如图 2-38 所示。

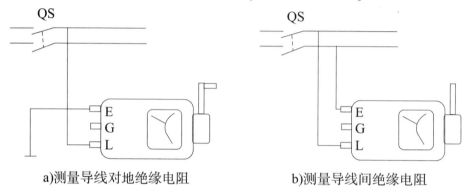

a)测量导线对地绝缘电阻　　b)测量导线间绝缘电阻

图 2-38　照明及动力线路绝缘电阻的测量

(2)电动机绝缘电阻的测量接线。

电动机绝缘电阻的测量接线,如图 2-39 所示。

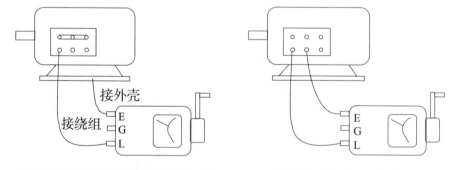

a)测量电动机与地(外壳)绝缘电阻　　b)测量电动机相间绝缘电阻

图 2-39　电动机绝缘电阻的测量

(3)电线、电缆绝缘电阻的测量接线。

电线、电缆绝缘电阻的测量接线如图 2-40 所示。

3)测量读数

接线完成后,按顺时针方向由慢到快摇动手柄使转速至 120r/min,保持 1min 后读数。

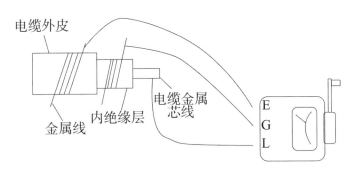

图 2-40 电线、电缆绝缘电阻的测量

3. 兆欧表使用注意事项

（1）严禁测量带电设备的绝缘电阻。对具有电容的高压设备,切断电源后还应充分放电,使设备完全处于不带电状态下方可进行测量。

（2）测量过程中,如发现兆欧表指零,说明被测绝缘物发生短路事故,应立即停止摇动手柄,避免表内线圈因发热而烧坏。

（3）因兆欧表手摇发电机产生的电压较高,测量时不能触及引线的裸露的部分。

（4）在兆欧表没有停止转动或被测设备没有放电以前,不可用手去触及被测设备的测量部分或进行导线拆除工作。

四、电能表及其使用

电能表又称电度表,是用来测量用电量多少的仪表。电能表按其使用的电路可分为直流电能表和交流电能表。交流电能表按相线又可分为单相电能表、三相三线电能表和三相四线电能表。电能表外形,如图 2-41 所示。

a）单相电能表

b）三相电能表

图 2-41 电能表

电能表的结构包括两部分,一部分为固定的电磁铁,另一部分为活动的铝盘。电能表主要由电压线圈、电流线圈、转盘、转轴、计度器等组成。单相电能表结构,如图 2-42 所示。

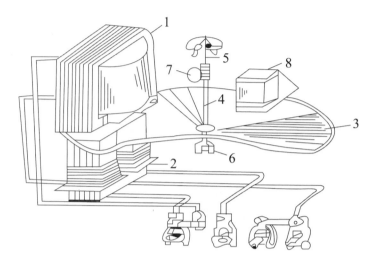

图 2-42 单相电能表的结构

1-电压组件;2-电流组件;3-铝制圆盘;4-转轴;5-上轴承;6-下轴承;7-计度器;8-制动磁钢

当把电能表接入被测电路时,电流线圈和电压线圈中就有交变电流流过,这两个交变电流分别在它们的铁芯中产生交变的磁通;交变磁通穿过铝盘,在铝盘中感应出涡流,涡流又在磁场中受到力的作用,从而使铝盘得到转矩而转动。铝盘转动时,带动计数器,把消耗的电能指示出来。

单相电能表主要用于照明电路,适用于民用建筑、商用建筑和公共设施建筑,通常安装于入户的配电箱内。单相电能表有四个接线柱,从左到右依次为1、2、3、4 标号,采用跳入式接法。即 1、3 接电源进线,2、4 接出线,其中 1 接相线、3 接中线。单相电能表接线,如图 2-43 所示。

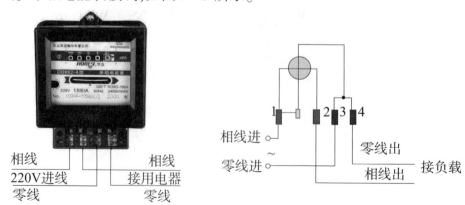

图 2-43 单相电能表接线图

五、功率表及其使用

功率表又称瓦特表，是一种测量电功率的仪表，如图 2-44 所示。电功率包括视在功率、有功功率和无功功率。未作特别说明时，功率表一般指测量有功功率的仪表。

图 2-44　功率表

功率表的测量结构主要由固定的电流线圈和可动的电压线圈组成，电流线圈与负载串联，反映负载的电流；电压线圈与负载并联，反映负载的电压。

功率表的正确接法必须遵守"发电机端"的接线规则。即功率表标有"＊"号的电流端和标有"＊"的电压端连接在一起共同接至电源的一端，电流端子另一端与负载连接，电压端子另一端则要跨接在负载另一端。

功率表有两种不同的接线方式，即电压线圈前接和电压线圈后接。电压线圈前接法如图 2-45a）所示，适用于负载电阻远比电流线圈电阻大得多的情况。电压线圈后接法如图 2-45b）所示，适用于负载电阻远比电压支路电阻小得多的情况。

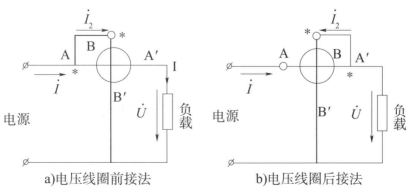

图 2-45　功率表的接法

模块 4　电线电缆及应用

一、导电材料

导电材料是专门用于传导电流的金属材料。普通的导电材料要具有电阻率小、导热性良好、便于施工、耐腐蚀、使用寿命长、价格低等优点。常温下导电性能最好的金属材料依次为银、铜、金、铝,从技术性能和经济两方面考虑,铜和铝是合适的普通导电材料。铜的电阻率略次于银,其可焊性、抗氧化、耐腐蚀性、加工性能均优,价格适中;铝的导电等综合性能比铜稍差,但经济优势突出。铜和铝作为普通导电材料,主要用于制造电线、电缆及电磁线。

二、电线电缆的规格

电线电缆是用来传输电能信息和实现电磁能转换的线材产品,其结构主要由导线、绝缘层、屏蔽层、护套层及填充元件、承拉元件构成。电线电缆主要用于电力系统、传输系统、机械仪表系统等领域。电线电缆按照线芯和护套的类型可分为多种,各类电线电缆的型号和规格各不相同。

1. 电线电缆的型号

电线电缆型号主要由类别和用途代号、导体代号、绝缘层代号、护套层代号、特征代号、外护层代号七部分组成。

电线电缆型号中各字母的含义,见表2-7。

电线电缆型号含义　　　　　　　　表2-7

电线电缆代号	字母含义
类别、用途代号	A-安装线,B-绝缘线,C-船用电缆,U-矿用电缆,N-农用电缆,K-控制电缆,Y-移动电缆,JK-绝缘架空电缆; R-软线,K-煤矿用,ZR-阻燃型,NH-耐火,ZA-A级阻燃,ZB-B级阻燃,ZC-C级阻燃,WD-低烟无卤性
导体代号	T-铜导线(一般省略),L-铝导线
绝缘代号	V-PVC塑料,YJ-XLPE绝缘,X-橡皮,Y-聚乙烯料,F-聚四氟乙烯
护层代号	V-PVC套,Y-聚乙烯料,N-尼龙护套,P-铜丝编织屏蔽,P2-铜带屏蔽,L-棉纱编织涂蜡克,Q-铅包

续上表

电线电缆代号	字母含义
特征代号	B-扁平型,R-柔软,C-重型,Q-轻型,G-高压,H-电焊机用,S-双绞型
铠装层代号	2-双钢线,3-细圆钢丝,4-粗圆钢丝
外护层代号	1-纤维层,2-PVC 套,3-PE 套

2. 电线电缆的规格

电线电缆的规格由额定电压、芯数及标称截面组成。

电线及控制电缆的额定电压一般有 300/300V、500/500V、450/750V。中低压电力电缆的额定电压一般有 0.6/1kV、1.8/3kV、3.6/6kV、6/6(10)kV、8.7/10(15)kV、12/20kV、18/20(30)kV、21/35kV、26/35kV 等。

电线电缆的芯数根据实际需要来定,一般电力电缆主要有 1、2、3、4、5 芯,电线主要为 1-5 芯,控制电缆有 1-61 芯。

标称截面是指导体横截面的近似值,一般取导体截面附近的整数值。我国规定的导体横截面有 0.5、0.75、1、1.5、2.5、4、6、10、16、25、35、50、70、95、120、150、185、240、300、400、500、630、800、100、1200 等。

3. 常用的电线电缆

BV——铜芯聚氯乙烯绝缘电线;BLV——铝芯聚氯乙烯绝缘电线;BVV——铜芯聚氯乙烯绝缘聚氯乙烯护套电线;BLVV——铝芯聚氯乙烯绝缘聚氯乙烯护套电线;BVR——铜芯聚氯乙烯绝缘软线;RV——铜芯聚氯乙烯绝缘安装软线;RVB——铜芯聚氯乙烯绝缘平行连接线软线;BVS——铜芯聚氯乙烯绝缘绞型软线;RVV——铜芯聚氯乙烯绝缘聚氯乙烯护套软线;BYR——聚乙烯绝缘软电线;BYVR——聚乙烯绝缘聚氯乙烯护套软线;RY——聚乙烯绝缘软线;RYV——聚乙烯绝缘聚氯乙烯护套软线。

三、电线电缆的色标

电线电缆的颜色标志有三相电线颜色、地线颜色、零线颜色之分。相线 L1、L2、L3 的颜色宜依次采用黄、绿、红三色,工作零线或中性线颜色宜采用淡蓝色绝缘电线,安全接地线或保护零线应采用黄绿相间的绝缘电线。

四、电线电缆的选择

1. 导线线径的选择

导线线径的计算式如下:

$$铜线:S = IL/54.4U \tag{2-18}$$

$$铝线:S = IL/34U \tag{2-19}$$

式中：I——导体中通过的最大电流，A；

　　　L——导体的长度，m；

　　　U——允许的电压，V；

　　　S——导体的截面积，mm^2。

2．导线载流量的选择

导线的载流量与导线截面有关，也与导线的材料型号、敷设方法以及环境温度等有关，因影响的因素较多，所以计算相对比较复杂。导线的载流量，通常可以从手册中直接查找，也可以利用口诀配合简单计算直接算出。

导体安全载流量计算口诀："10下五，100上二；25、35，四三界；70、95，两倍半；穿管温度，八九折；裸线加一半；铜线升级算。"

以上口诀是铝芯导线安全载流量与倍数的关系，口诀中的数字代表导体的截面积，汉字表示截面积(mm^2)与载流量(A)的倍数关系。

口诀中各句的含义如下：

(1)10下五：截面在10以下的载流量是截面数值的5倍。

(2)100上二：截面在100以上的载流量是截面数值的2倍。

(3)25、35，四三界：25与35是四倍和三倍的分界处。

(4)70、95，两倍半：70与95，则载流量是截面数值的2.5倍。

(5)穿管温度，八九折：如穿管敷设，按上述口诀计算后的数值再打八折；如环境温度≥25℃，按上述口诀计算后的数值再打九折。

(6)裸线加一半：裸线允许通过的电流要提高50%。

(7)铜线升级算：铜芯导线的载流量的计算，是将铜导线的截面按截面排列顺序提升一级，再按相应的铝芯导线条件计算。如$16mm^2$铜线的载流量可按$25mm^2$铝线计算。

我国常用导线标称截面(mm^2)排列如下：

1、1.5、2.5、4、6、10、16、25、35、50、70、95、120、150、185 等。

五、电线电缆的接线方法

1．导线绝缘层的剖削

在导线线芯连接前必须先将导线的绝缘层剖削去，不同导线绝缘层的剖削方法不同。

1）塑料硬线绝缘层的剖削

（1）芯线截面积不大于 4mm² 塑料硬线。

芯线截面积不大于 4mm² 的塑料硬线,可用钢丝钳进行剖削。用左手捏紧导线,根据线头所需长度用钢丝钳口切割绝缘层,用右手握住钢丝钳头用力向外勒出绝缘层,如图 2-46 所示。

（2）芯线截面积大于 4mm² 塑料硬线。

芯线截面积大于 4mm² 塑料硬线,可用电工刀来剖削绝缘层。根据所需长度用电工刀以倾斜 45°切入塑料层,使刀面与芯径保持 25°左右,用力向线端推削,削去上面一层塑料绝缘层,将下面绝缘层向后扳翻,然后用电工刀齐根切去。

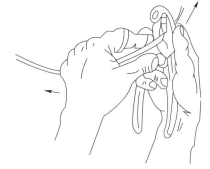

图 2-46　钢丝钳剖削硬线线绝缘层

2）塑料软线绝缘层的剖削

塑料软线绝缘层只能用剥线钳或钢丝钳剖削,剖削方法同塑料硬线绝缘层的剖削。

3）塑料护套绝缘层剖削

塑料护套绝缘层必须用电工刀来剖削。按所需长度,用刀尖对准芯线划开护套层,向后扳翻护套,在距离护套层 5～10mm 处,用电工刀以倾斜 45°切入绝缘层,用刀齐根切去。其他剖削方法同塑料硬线绝缘层的剖削。

4）橡皮线绝缘层剖削

先把橡皮线纺织保护层用电工刀尖划开,下一步与剖削护套层的方法类同。然后用剖削塑料绝缘层相同的方法剖去橡胶层。最后将松散的棉纱层集中到根部,用电工刀切去。橡皮线绝缘层剖削方法,如图 2-47 所示。

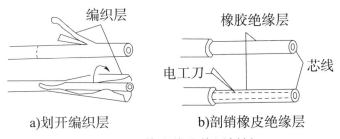

a）划开编织层　　b）剖销橡皮绝缘层

图 2-47　橡皮线绝缘层剖削

5）花线绝缘层剖削

在所需长度处用电工刀在面纱纺织物保护层四周切割一圈后拉去。在距棉纱纺织物保护层10mm处,用钢丝钳刀口切割橡胶绝缘层,然后用右手握住钳头,左手把花线用力拉开,用钳口勒出橡胶绝缘层。花线绝缘层剖削方法,如图2-48所示。

a)将棉纱层散开　　　　　　b)割断棉纱

图2-48　花线绝缘层剖削

2.导线的连接

1)铜芯导线的连接

(1)单股铜芯导线的直接连接。

先将绝缘层剖掉,剖削长度为芯线直径的70倍左右,然后把两导线的芯线线头作X形交叉,并互相缠绕2到3圈后扳直两线头,最后将每个线头在另一芯线上紧密缠绕5到6圈后剪去多余线头。单股铜芯导线的直接连接,如图2-49所示。

图2-49　单股铜芯导线直接相连

(2)单股铜芯导线的T形分支连接。

分支芯线的线头与主干芯线十字相交,将支路芯线在干路芯线上按顺时针方向缠绕6到8圈,用钢丝钳切去余下的芯线,并钳平芯线末端。若芯线截面积较小,可先将支路芯线的线头在干路芯线上打一个环绕结,再紧密缠绕6到8圈后,剪去多余线头即可。单股铜芯导线的T形分支连接,如图2-50所示。

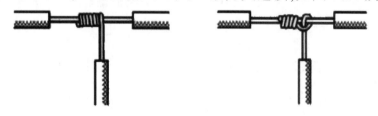

图2-50　单股铜芯线的T形分支连接

(3)多股铜芯导线的直接连接。

将剖去绝缘层的芯线散开并拉直,把靠近根部1/3线段的芯线绞紧,然后把余下的2/3芯线头分散成伞状,并把每根芯线拉直。将两个伞形芯线相对互相插入后,捏平芯线。然后将芯线分成三组,先把第一组两根芯线扳起,垂直于芯线并按顺时针方向缠绕,然后将第二组线头翘起并紧密缠绕在线上,最后将第三组线头翘起,紧密缠绕在芯线上。以同样的方法缠绕另一边的线头。多股铜芯导线的直接连接,如图2-51所示。

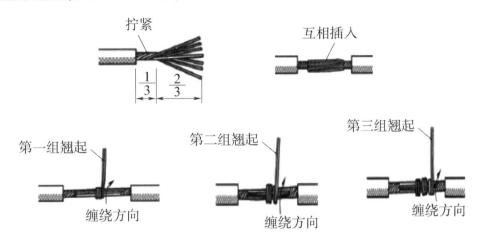

图2-51 多股铜芯导线的直接连接

(4)多股铜芯导线的分支连接。

多股铜芯导线的分支连接有两种方法。一种方法是将支路芯线90°折弯后与干路芯线并行,然后将线头折回并紧密缠绕在芯线上,如图2-52所示。

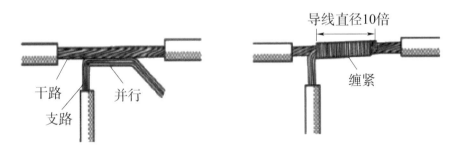

图2-52 多股铜芯导线的分支连接(1)

另一种方法是将支路芯线靠近绝缘层的1/8拧紧,其余7/8分为两组。一组插入干路芯线当中,另一组放在干路芯线前面,并朝右边缠绕4到5圈,再将插入干路芯线当中的一组朝左边缠绕4到5圈,如图2-53所示。

2)铝芯导线的连接

由于铝易氧化,且铝氧化膜的电阻率较高,所以铝芯导线不宜采用铜芯导线的方法进行连接。铝芯导线常采用螺钉压接法和压接管压接法连接。

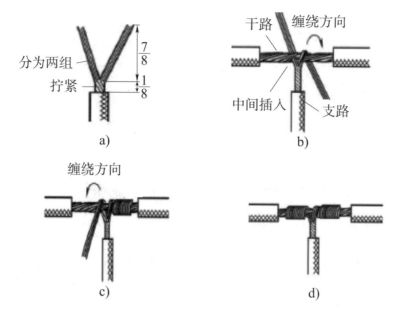

图 2-53 多股铜芯导线的分支连接(2)

(1) 螺钉压接法。

螺钉压接法适用于负荷较小的单股芯线连接,连接前必须用钢丝刷除去铝芯线表面的氧化膜,并涂上中性凡士林,然后进行螺钉压接。直线连接时需把每根铝导线在接线端卷上 2 到 3 圈,以备线头断裂后再次连接用,然后把四个线头两两相对插入两支接线磁头的四个接线柱上,旋紧接线柱上的螺钉。分路连接时,把支路导线的两个线头分别插入两个接线柱上,最后旋紧螺钉。螺钉压接法,如图 2-54 所示。

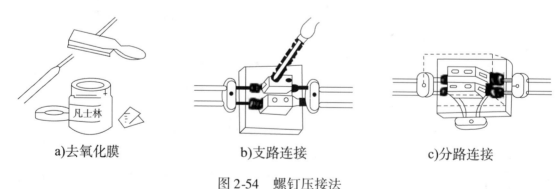

a)去氧化膜　　　　b)支路连接　　　　c)分路连接

图 2-54　螺钉压接法

(2) 压接管压接法。

压接管压接法适用于较大负荷的多根铝芯导线的直线连接。连接时先根据多股铝芯导线规格选择合适的压接管,然后用钢丝刷清除铝芯表面和压接管内的氧化层,并涂上中性凡士林,把两根铝芯导线端相对穿入压接管,并使线端穿出压接管 25～30cm,然后进行压接。压接时第一道坑应在铝芯线端一侧,不可接反。压接管压接法,如图 2-55 所示。

a)穿压接管　　　　　　b)压接　　　　　　c)压接后的铝芯线

图 2-55　压接管压接法

课后练习

1. 填空题

（1）电路由_____、_____和_____三部分组成。

（2）电路有_____、_____和_____三种状态。

（3）电压的方向由_____指向_____,电动势的方向由_____指向_____,电位_____方向。

（4）电功的单位是_____和_____,电功率的单位是_____。

（5）电容的基本作用是_____和_____电荷。

（6）电容器串联后,总电容量_____;电容器并联后,总电容量_____。

（7）螺丝刀常用的规格有_____、_____、_____、_____等。

（8）钢丝钳包括_____和_____两部分,钳头由_____、_____和_____组成。

（9）电工刀主要用来_____、_____和_____。

（10）模拟式万用表的结构包括_____、_____和_____三部分。

（11）兆欧表主要用来测量_____,它主要由_____、_____和_____三部分组成。兆欧表在测量前要进行_____和_____试验。

（12）功率表的电流线圈与负载_____,电压线圈与负载_____。

（13）电线电缆的规格由_____、_____和_____组成。

（14）三根相线的颜色依次采用_____、_____和_____,零线的颜色采用_____,地线的颜色采用_____。

(15)铝芯导线常采用的连接方法有_____和_____两种。

2. 选择题

(1)若电流的值小于零,说明电流的实际方向与参考方向(　　)。

　　A.一致　　　　B.相反　　　　C.无法判断

(2)若电路图中参考点的位置发生变化,则电路中各点的电位值(　　)。

　　A.不变　　　　B.变化　　　　C.等于零

(3)单位时间内电流所做的功称为(　　)。

　　A.电功　　　　B.电功率　　　C.电动势

(4)导体的材料、横截面积不变,长度变为原来的一半,则其阻值变为原来的(　　)。

　　A.一半　　　　B.两倍　　　　C.不变

(5)电阻并联时,其(　　)相等。

　　A.电流　　　　B.电压　　　　C.电阻

(6)用钢丝钳来紧固或起松螺母时应采用(　　)。

　　A.刀口　　　　B.钳口　　　　C.齿口　　　　D.铡口

(7)适用于在狭小空间操作的工具是(　　)。

　　A.尖嘴钳　　　B.钢丝钳　　　C.斜口钳　　　D.剥线钳

(8)使用电工刀剖削导线时,电工刀以(　　)角切入导线绝缘层。

　　A.45°　　　　B.25°　　　　C.30°　　　　D.90°

(9)数字式万用表显示器显示值为1,则说明所选量程(　　)。

　　A.偏大　　　　B.偏小　　　　C.与量程无关

(10)(　　)可在不断开电路的情况下测量电流大小。

　　A.万用表　　　B.电流表　　　C.钳形电流表

(11)兆欧表的L接线柱应接(　　)。

　　A.设备外壳　　B.待测部位　　C.接地线

(12)用兆欧表测绝缘电阻时,应摇动手柄使其转速至(　　)。

　　A.120r/min　　B.100r/min　　C.150r/min

(13)用来测量用电量多少的仪表是(　　)。

　　A.功率表　　　B.功率因数表　C.电能表

(14)下面几种金属材料中,导电性能最好的是(　　)。

　　A.银　　　　　B.铜　　　　　C.铝　　　　　D.铁

(15)导线的截面积为8mm², 则其载流量是截面数值的( )倍。
    A.1   B.5   C.2.5   D.2

3. 思考题

(1)电路的功能有哪些?

(2)电位、电压、电动势这三个物理量有何异同点?

(3)电阻串并联各有何特点?

(4)简述电压、电流的测量方法。

(5)钢丝钳钳头各口的功能分别是什么?

(6)简述用电工刀剖削导线和护套层的方法。

(7)如何正确连接功率表?

(8)如何计算导线的载流量?

单元三　计算机结构及其工作原理

学习目标

完成本单元学习后,你应能:
(1) 熟悉组成计算机的各种硬件设备及其分类;
(2) 掌握计算机主要硬件的组成及其工作原理;
(3) 掌握计算机硬件的主要性能参数;
(4) 掌握输入输出设备的类型并熟悉其原理;
(5) 了解计算机外围设备的分类、接口及原理。
建议课时:24 课时

模块 1　计算机电源

一、认识电源

电源是计算机的心脏,为计算机设备供电,保证计算机正常运行,因此电源功率的大小、电流和电压的稳定性会直接影响计算机的工作状况和使用寿命。计算机电源如图 3-1 所示。

二、电源的工作原理

计算机电源属于开关电源,由输入电网滤波器、输入整流滤波器、变换器、输出整流滤波器、控制电路、保护电路 6 部分组成。电源的工作过程就是在这 6 部分之间流通、转换、调整的过程。

图 3-1　计算机电源

输入电网滤波器用于消除来自电网的干扰,防止开关电源产生的高频噪声向电网扩散;输入整流滤波器用于将市电进行整流滤波,为变换器提供直流电压;变换器用于将直流电压转换成高频交流电压,并且起到将输出部分与输入电网隔离的作用;输出整流滤波器将变换器输出的高频交流电压整流滤波得到需要的直流电压,同时防止高频噪声对负载的干扰;控制电路用于检测输出直流电压,并将其与基准电压比较,以便进行放大;保护电路用于当开关电源发生过电压、过电流短路时,使开关电源停止工作以保护负载和电源本身。电源内部结构如图3-2所示。

图3-2 电源内部结构

三、电源的类型

(1)电源按使用环境的不同分为AT和ATX电源。

AT电源供应器主要应用在早期的主板上(如AT主板和Baby AT主板),从286时代开始,AT电源就一直是PC的标准配置,这一局面直到586时代才结束,如今,AT电源供应器已被淘汰。AT电源供应器功率一般为150~220W,共有四路输出(+5V、-5V、+12V、-12V),AT电源外观如图3-3所示。

图3-3 AT电源

ATX电源是目前电脑普遍使用的电源形式,与AT电源相比,ATX电源除了在线路上作了一些改进,其中最重要的区别是,关机时ATX电源本身并没有彻底断电,而是维持了一个比较微弱的电流,同时它利用这一电流增加了一个电源管理功能,称为Stand-By,它可以让操作系统直接对电源进行管理。此外ATX电源加强了+12VDC端和5VSB的电流输出能力,增加了电源连接器,总的来说ATX电源较AT电源输电能力和散热性能都有很大提升,从而完全取代了AT电源,ATX电源外观如图3-4所示。

(2)电源按接线形式可分为非模组电源、半模组电源、全模组电源。

非模组电源是指所有的线缆都已经事先安装在了电源上,无法移除,非模组电源外观如图3-5所示。

图 3-4　ATX 电源　　　　　　　　图 3-5　非模组电源

半模组电源通常给主板供电的 24 PIN 接口是固定的,其他接口可以自由配置,在降低成本的基础上尽量减少理线难度。半模组电源外观,如图 3-6 所示。

全模组电源每一组线缆都可以按照用户的意愿移除。全模组电源最大的好处是可以根据需求来插接线材,避免多余的线材占用机箱内部空间,定制线材一方面是让机箱内走线更为轻松,另一方面让机箱内部更加整洁和美观,如图 3-7 所示。

图 3-6　半模组电源　　　　　　　　图 3-7　全模组电源

(3)电源按尺寸大小通常分为 ATX 电源、SFX 电源、SFX-L 电源、服务器电源。

ATX 电源标准尺寸为 150mm × 140mm × 86mm;SFX 电源通常尺寸只有

125mm×100mm×63.5mm,尺寸更小,能更好地运用在 ITX 机箱内,节省出更多的空间来容纳硬件;SFX-L 电源是 SFX 的加强型,通常尺寸为 125mm×130mm×63.5mm。三款电源外观大小如图 3-8 所示。

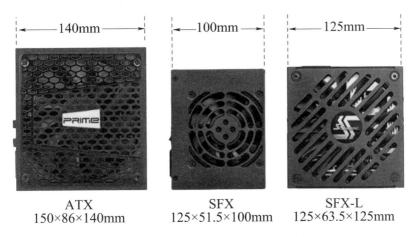

图 3-8　ATX、SFX 和 SFX-L 电源尺寸

服务器电源顾名思义,是指专门供服务器使用的电源,通常其性能和稳定性更高,如图 3-9 所示。

四、电源的主要性能参数

1. 功率

计算机电源的功率分为额定功率、最大功率和峰值功率。

图 3-9　服务器电源

1) 额定功率

额定功率是指当环境温度处于 -5~50℃ 之间,输入电压为 180~264V 之间时,电源能长时间稳定输出的功率。

2) 最大功率

最大功率是指在常温下,输入电压在 200~240V 之间,电源可以长时间稳定输出的功率,最大功率一般比额定功率大 15% 左右。例如:航嘉 WD500K,额定功率为 500W,最大功率为 580W,已接近 600W。

3) 峰值功率

峰值功率是指电源在极短时间内能达到的最大功率,时间仅能维持几秒至 30s 之间。峰值功率与使用环境与条件有关,不是一个确定值,但峰值功率可以很大,极容易误导用户,如鑫谷核动力 325PQ,额定功率为 250W,峰值功率达到

350W。

显然,只有额定功率和最大功率才有实际意义。电源在选购的时候主要看的是其额定功率。

2. 电源的转化率(80PLUS 认证)

80PLUS 认证是由 Ecova 公司推出的电源认证。80PLUS 认证分为白牌、铜牌、银牌、金牌、白金牌、钛金牌六个等级,越往后电源转换效率要求越高,认证越高意味着电源做工用料越好、越省电,不过带有 80PLUS 认证的电源价位也越高,如图 3-10 所示。

认证标志	80PLUS	80PLUS BRONZE	80PLUS SILVER	80PLUS GOLD	80PLUS PLATINUM	80PLUS TITANIUM
标识名称	白牌	铜牌	银牌	金牌	白金	钛金
负载	转换效率					
20%	80%	82%	85%	87%	90%	92%
50%	80%	85%	88%	90%	92%	94%
100%	80%	82%	85%	87%	89%	90%

图 3-10 80PLUS 认证

3. 输出功率

输出功率标准值通常有 +12V、+3.3V、+5V、+5VSB、-12V 等,"+12V"负责 CPU、显卡、硬盘供电,"+3.3V"负责主板、内存和其他 PCI 设备供电,"+5V"负责 SSD 和部分 USB 接口供电,"+5VSB"负责待机输出,"-12V"负责主板串口供电,"+12V"由于给 CPU、显卡供电,其所占功率最高,需要重点关注。通常功率越大电源性能越好,此外单路"+12V"优于双路和多路"+12V",如图 3-11 所示。

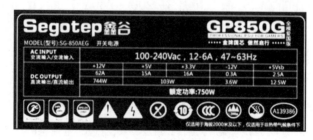

图 3-11 电源输出功率标签

4. 接口配置

通常主板供电是(20+4)PIN 接口,CPU 供电是(4+4)PIN 接口,显卡供电是(6+2)PIN 接口,硬盘供电为扁 L 型 SATA 接口,大(4)PIN 接口用于散热风扇或转接接口,如图 3-12 所示。

图 3-12　电源接口类型

模块 2　计算机主板

一、认识主板

主板又叫主机板(mainboard)、系统板(systemboard)、母板(motherboard)等,在计算机中发挥着联通和纽带的作用,主要功能是为计算机中其他部件提供插槽和接口,使计算机中的硬件通过主板直接或间接地组成一个工作平台,计算机主板如图 3-13 所示。

二、主板工作原理

主板就是一块矩形电路板,上面安装了组成计算机的主要电路系统,当启动计算机时,电流会在瞬间通过 CPU、南北桥芯片、内存插槽、AGP 插槽、PCI 插槽、IDE 接口以及主板边缘的串口、并口、PS/2 接口等。随后,主板会根据

图 3-13　计算机主板

BIOS(基本输入输出系统)来识别硬件,并进入操作系统发挥出支撑系统平台工作的功能。这个过程主要包括主板硬启和软启两个过程。

1. 主板硬启过程

(1)主板插入 ATX 电源插头,主板加载 SVSB。

(2)按下主机上的电源开关(POWER BUTTON),通知南桥,然后南桥发出信号经过转换后产生 PS_ON#信号。

(3)POWER(ATX 电源)输出 SV、3.3V、12V 等各路供电。

(4)电源输出稳定后,发出 POWER GOOD 信号通知主板。

(5)主板上产生各芯片和设备需要的电压,如 15V、25V 等。同时 CPU 也得到一个供电,拉低 VRM 芯片(CPU 供电管理芯片)的 VID 信号。

(6)VRM 芯片控制产生 VCORE(CPU 核心供电,部分资料也称为 VCCP)给 CPU。

(7)稳定的 VCORE 电压反馈给 VRM 控制芯片,VRM 产生 PWRGD 信号,部分资料也称为 VRMGDVCOREGD 等,专指 CPU 供电电源就绪。

(8)同时 VCORE 经转换后,产生 CLK-EN 送给主板 CLK(时钟芯片)电路,时钟电路开始。

(9)南桥收到 VRM 产生的 PWEGD 和 CLK 电路送达的时钟信号后产生 PCIRST#。

(10)PCIRST#送达 ACPI 控制器或门电路,经转化后分别送出,送达北桥的 PCIRST#(新款主板为 PLTRST#),送达北桥后,北桥送出 CPURST#。

(11)CPU 收到 CPURST#后,发出一个地址信号,这个地址信号固定为 FFFFFFFOH,指向 BIOS 的入口地址,该信号通过 CPU 与北桥相连的前端总线到达北桥,北桥将该地址信号,经过 HUB-LINK(新款 Intel 芯片组叫作 DMI 总线,不同厂家、不同产品的叫法不同)送达南桥。

(12)南桥收到地址信号后,将地址发送给 BIOS,然后取得该地址存储的命令,并通过数据线将取得的 BIOS 命令送到北桥,再至 CPU,CPU 执行接收到的指令,执行运算和控制,并发送一系列指令。

2. 主板软启过程

硬件启动完成后,CPU 开始执行从 BIOS 取得的一系列命令,进入软启动过程。软件启动过程分别由 BIOS 的 POST 程序、CMOS 设置程序、系统自举过程控制。

1) POST 程序

首先初始化各个芯片和各个端口,然后设置中断向量。开机后,BIOS 在内存的开始地址建立一个向量终端表,每个中断服务程序的入口地址都存于中断向量表中。BIOS 通过中断向量的设置和中断服务程序建立起硬件与软件之间的联系。接下来检测系统配置、中断号的分配、DMA 通道号的分配等并检测系统资源。

2) CMOS 设置程序

上电自检完毕,计算机会给出一个 CMOS 设置界面。CMOS 设置程序是 BIOS 程序中的一个模块,包含了对硬件参数的一些设置,如 CPU、内存的工作参数、启动顺序等。这个设置的结果保存于南桥中的 CMOSRAM 中,所以,把这个设置称为 CMOS 设置,也称为 BIOS 设置。

3) 系统自举过程控制

若用户不需要对硬件参数做任何修改,BIOS 则按照默认参数,跳过 CMOS 设置,执行系统自举程序。BIOS 将按照 CMOS 中存储的驱动器启动顺序,搜寻启动驱动器,从启动驱动器的磁盘中读入引导记录(MasterBootRecord),然后由引导记录将系统控制权交由操作系统(如 Windows)。至引导记录前一步,软启动过程就完成了。

三、主板的组成机构

主板的结构就是按照主板上各元器件的布局方式、尺寸大小和形状样式,以及所使用的电源规格等制订出的一套通用标准,主要包括插槽、对外接口、芯片组和主板上的电路。

1. 插槽

主板插槽主要包括:CPU 插槽、内存插槽、显卡插槽、硬盘接口 Series-ATA、电源接口、风扇接口、前置音频和 USB 接口、PCI 插槽接口、前置面板接口等。

1) PCI-Express 插槽

PCI-Express 原来的名称为"3GIO",由英特尔提出的,它的主要优势就是数据传输速率高,而且还有相当大的发展潜力。PCI Express 也有多种规格,从 PCI Express 1X 到 PCI Express 16X,能满足各种低速设备和高速设备的需求,如图 3-14 所示。

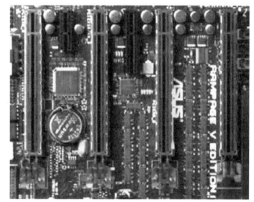

图 3-14　PCI-Express 插槽

2) SATA 插槽

SATA 是 Serial ATA 的缩写,即串行 ATA。它是一种电脑总线,主要功能是用作主板和大量存储设备(如硬盘及光盘驱动器)之间的数据传输,由于采用串行方式传输数据而得名,还具有结构简单、支持热插拔的优点,如图 3-15 所示。

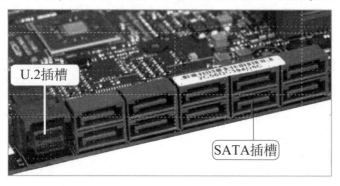

图 3-15 SATA 插槽

图 3-16 M.2 插槽(NGFF 插槽)

3) M.2 插槽(NGFF 插槽)

M.2 接口,是 Intel 推出的一种替代 MSATA 新的接口规范。无论是更小巧的规格尺寸,还是更高的传输性能,M.2 都远胜于 MSATA,如图 3-16 所示。

4) CPU 插槽

CPU 插槽主要分为 Socket、Slot 两种,就是用于安装 CPU 的插座。CPU 采用的接口方式有引脚式、卡式、触点式、针脚式等,应用广泛的 CPU 接口为针脚式接口,对应到主板上就有相应的插槽类型。CPU 接口类型不同,在插孔数、体积、形状都有变化,所以不能互相接插,如图 3-17 所示。

图 3-17 CPU 插槽

5)内存插槽(DIMM 插槽)

内存插槽是指主板上用来插内存条的插槽。主板所支持的内存种类和容量都由内存插槽来决定的。内存插槽通常最少有 2 个,还有的为 4 个、6 个或者 8 个,主要是主板价格差异。内存双通道要求必须插相同颜色的内存,不按照规定插不能正常开启内存双通道功能,如图 3-18 所示。

6)主电源插槽

主电源插的功能是给主板供电,主板目前都是通用的 20 pin + 4 pin 供电接口,如图 3-19 所示。

图 3-18　内存插槽(DIMM 插槽)

图 3-19　主电源插槽

2. 对外接口

1)视频接口

主板拥有多种视频输出接口,常见的接口有 D-Sub(VGA)、DVI 以及 HDMI,而随着 Intel 7 系列主板的普及,DP 接口也慢慢成为主流的主板视频接口,如图 3-20 所示。

2)功能按钮

有些主板的对外接口存在功能按钮,左边是刷写 BIOS 按钮(BIOS Flashback),按下后重启电脑就会自动进入 BIOS 刷写界面,右边是清除 CMOS 按钮,有时候由于更换硬件或者设置错误造成的无法开机都可以通过按清除 CMOS 按钮来修复,如图 3-20 所示。

3)USB 接口

USB 接口又叫"通用串行总线",连接该接口最常见的设备就是 USB 键盘、鼠标以及 U 盘。当前很多主板都有 3 个规格的 USB 接口,通常情况下可以通过颜色来区分。黑色一般为 USB2.0 接口;蓝色为 USB3.0 接口;红色为 USB3.1 接口。如图 3-20 所示。

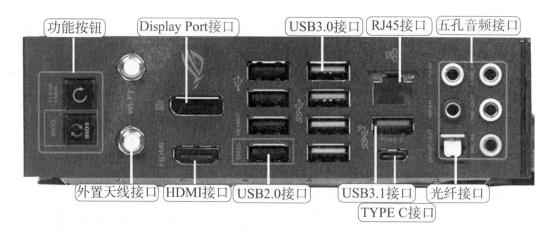

图 3-20 主板对外接口

4）TypeUSB 接口

除 TypeA 型接口外，还有 TypeB 型接口，有些打印机或扫描仪等输入输出设备常采用这种 USB 接口。目前流行的 TypeC 型接口，最大的特色是正反都可以插，传输速度也非常不错，许多智能手机都采用了这种 USB 接口，如图 3-20 所示。

5）RJ45 接口

RJ45 接口也就是网络接口，俗称水晶头接口，主要用来连接网线，有的主板为了体现用到的是 Intel 千兆网卡或 Killer 网卡，通常会将 RJ45 接口设置为蓝色或红色，如图 3-20 所示。

6）外置天线接口

外置天线接口就是专门为了连接外置 Wi-Fi 天线准备的，有些主板可能只有几个圆孔，并没有金色接口，这样的主板表示可以安装无线网卡模块，并且专门预留了 Wi-Fi 天线的接口，自行安装即可。无线天线接口在连接好无线天线后，可以通过主板预装的无线模块支持 Wi-Fi 和蓝牙，如图 3-20 所示。

7）音频接口

音频接口是一组主板上比较常见的五孔光纤音频接口。上排的 SPDIFOUT 就是光纤输出端口，可以将音频信号以光信号的形式传输到声卡等设备，REAR 为 51 或者 71 声道的后置环绕左右声道接口，C/SUB 为 51 或者 71 多声道音箱的中置声道和低音声道。下排的 MICIN 为话筒接口，通常为粉色，LINEOUT 为音响或者耳机接口，通常为浅绿色，LINEIN 为音频设备的输入接口，通常为浅蓝色，如图 3-20 所示。

3. 芯片组

芯片组是主板重要的组成部分。芯片组是计算机主板的灵魂和核心,如果把 CPU 比作人的大脑,那么南北桥芯片组就是神经。按照所采用的芯片组数量不同,主板的核心组成部分可以分为单芯片芯片组、标准的南北桥芯片和多芯片芯片组(主要用于高档服务器)。

1) BIOS 芯片

BIOS 芯片是 SPI-ROM-S-64M 的基本输入输出系统,其内容集成在主板上的一个 ROM(只读存储器)或 FlashROM(闪速存储器)芯片上,存储的是一个编辑好的软件,如图 3-21 所示。

2) I/O 芯片

I/O 芯片大都是集成电路,通过 CPU 输入不同的命令和参数,并控制相关的 I/O 电路和简单的外设作相应的操作,常见的接口芯片如定时计数器、中断控制器、DMA 控制器、并行接口等,负责实现 CPU 通过系统总线把 I/O 电路和外围设备联系在一起,如图 3-22 所示。

图 3-21　BIOS 芯片　　　　　　图 3-22　I/O 芯片

3) 电源管理芯片

电源管理芯片根据电路中反馈的信息在内部进行调整后,为输出电路供电或提供控制电压。例如,CPU 供电电路的电源管理芯片主要负责识别 CPU 供电的幅值,如图 3-23 所示。

4) 声卡、网卡芯片

声卡芯片主要将数字声音信号进行解码处理,如图 3-24 所示。网卡芯片要通过网络传输数据信息,具有双向传输的功能,可以接收来自网络的数据也可以通过网络发送数据,如图 3-25 所示。

图 3-23　电源管理芯片

图 3-24　声卡芯片

5）串口管理芯片

串口管理芯片一般位于串口插座或 I/O 芯片附近。串口接口电路是由 I/O 芯片通过串口管理芯片对其进行管理的，如图 3-26 所示。

图 3-25　网卡芯片

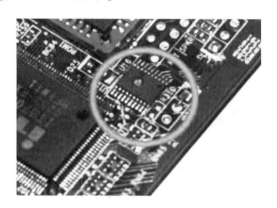

图 3-26　串口管理芯片

4. 主板电路

主板上的电路主要包括主板开机电路、主板 CPU 供电电路、主板时钟电路、主板复位电路等。

主板开机电路主要负责控制 ATX 电源给主板输出工作电压使主板开始工作，主要由 ATX 电源插座、南北桥芯片、I/O 芯片、CMOS 跳线、开机复位按键连接插座、实时晶振、CMOS 电池等元件组成，如图 3-27 所示。

主板 CPU 供电电路主要由电源管理芯片、场效应管（MOSFET 管）、电感线圈和电解电容等元器件组成，在实际主板中根据不同型号 CPU 工作的需要，CPU 的供电方式主要有单相供电电路、两相供电电路、三相供电电路、四相供电电路、六相供电电路等几种。如果最大工作电流大于 50A，为了给 CPU 提供稳定的供电电压,主板通常会使用三相供电电路来满足 CPU 工作的需求,如图 3-28 所示。

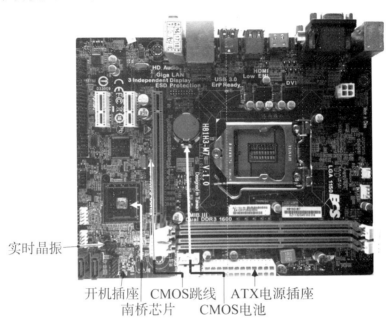

图 3-27　主板开机电路

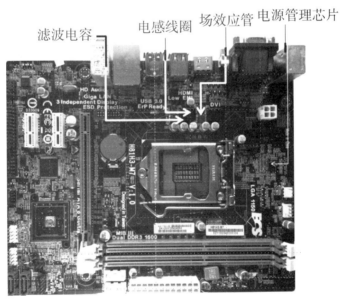

图 3-28　主板 CPU 供电电路

主板时钟电路主要由时钟产生器(时钟芯片)、14.318MHz 晶振、电容、电阻和电感等组成,通过向 CPU、芯片组和各级总线(CPU 总线、AGP 总线、PCI 总线、ISA 总线)及各个接口提供时钟频率,使电脑依据基本的工作频率,在 CPU 的控制下完成各项工作,如图 3-29 所示。

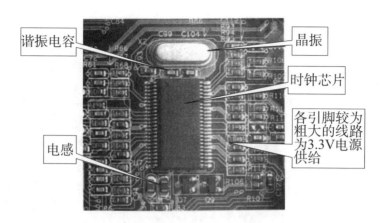

图 3-29　主板时钟电路

主板复位电路的作用是使主板各部分功能进入初始化状态,在按下开机键得到供电和时钟信号后,复位电路向其他电路发出一个初始化信号,使这些电路开始工作。主板复位电路主要由 ATX 电源、复位开关、南桥芯片、逻辑门电路等组成,如图 3-30 所示。

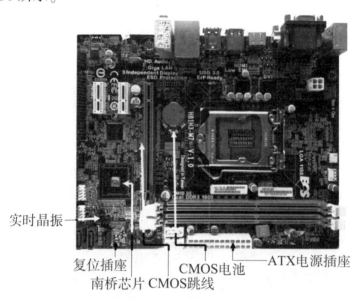

图 3-30　主板复位电路

四、主板的类型

1. ATX(标准型)

ATX 主板,俗称标准大板,其结构为长方形。尺寸较大需要搭配中塔以上大机箱,其优点是做工用料较好、扩展接口丰富,是目前常见的板型,如图 3-31 所示。

2. M-ATX(紧凑型)

M-ATX 即 Micro ATX 板型,俗称紧凑型主板,也叫小板。其结构为方形,最常见是 24.8cm×24.8cm 和 24.8cm×30cm 两种尺寸,M-ATX 主板主要用于小机箱电脑中,是目前装机非常主流的主板板型之一,如图 3-32 所示。

图 3-31　ATX(标准型)主板

图 3-32　M-ATX(紧凑型)主板

3. E-ATX(加强型)

E-ATX 主板通常用于高性能 PC 电脑、入门式工作站等领域,标准尺寸为 12in×13in(305mm × 330 mm),一般是高端的工作站、服务器等使用这种规格主板,支持双路和四路 CPU,如图 3-33 所示。

4. Mini-ITX(迷你型)

Mini-ITX 主板,俗称迷你型主板,结构也是方形的,尺寸大约是 17cm×17cm。主板尺寸更小,适合更为小巧的迷你小机箱电脑使用,定位与 ITX 主板类似,这种主板通常用于小巧的 HTPC 电脑,因此这类主板大部分都内置了 Wi-Fi 模块,如图 3-34 所示。

图 3-33　E-ATX(加强型)

图 3-34　Mini-ITX(迷你型)

五、主板的主要性能参数

1. 芯片组

在主板的组成中我们已经对主板的芯片组进行了介绍。主板芯片组（Chipset）是主板的核心组成部分，可以比作CPU与周边设备沟通的桥梁。在电脑界称设计芯片组的厂家为Core Logic，Core的中文意义是核心或中心，光从字面的意义就足以看出其重要性。对于主板而言，芯片组几乎决定了这块主板的功能，进而影响到整个电脑系统性能的发挥。芯片组性能的优劣，决定了主板性能的好坏与级别的高低。CPU的型号与种类繁多、功能特点不一，如果芯片组不能与CPU良好地协同工作，将严重地影响计算机的整体性能甚至不能正常工作。

2. CPU插槽

目前主要的CPU生产厂商为Intel和AMD，Intel的CPU针脚通常为触点式，AMD的为针脚式，它们对应的主板接口也不同，因此主板支持的CPU接口类型决定了能够使用哪种类型的CPU。

3. 主板板型

主板按尺寸分有ATX、M-ATX、E-ATX和ITX四种类型，大板相比小板的扩展性更好。比如大板标配4个内存插槽，而小板有可能是2个，大板的PCI-E显卡插槽拥有2个，而小板只有1个。PCI插槽方面，大板也更丰富。但大主板做工用料多、价位高，需要中塔以上大机箱支持，而小主板既能够兼容大机箱，还能够兼容一些迷你机箱，价格实惠。

4. 内存类型和最大内存容量

目前主要的内存类型为DDR3和DDR4，DDR3已经基本被DDR4取代，同为DDR4，主板能支持的内存频率也不一样，其性能也有差别。最大内存容量是指主板所有插槽最大能够支持的内存大小，显然最大内存容量越大，主板性能越好。

5. PCI-E标准

PCI-E是一种通用的总线规格，它最早由Intel所提倡和推广，最终的设计目的是取代现有计算机系统内部的总线传输接口，这不只包括显示接口，还囊括了CPU、PCI、HDD、Network等多种应用接口。PCI-E还有多种不同速度的接口模式,包括 x1、x2、x4、x8、x16 等,PCI-E x1 模式的传输速率便可以达到 250Mb/s,约为原有 PCI 接口(133Mb/s)的二倍,大大提升了系统总线的数据传输能力。而其他模式,如 x8、x16 的传输速率便是 x1 的 8 倍和 16 倍。因此,主板支持的 PCI-E 接口类型和数量也决定了主板的性能。

模块 3　计算机处理器

一、认识 CPU

CPU 又称为中央处理器(central processing unit)作为计算机系统的运算和控制核心,是信息处理、程序运行的最终执行单元。CPU 自产生以来,在逻辑结构、运行效率以及功能外延上取得了巨大发展,如图 3-35 所示。

图 3-35　CPU

二、CPU 的工作原理

CPU 的内部由寄存器、控制器、运算器和时钟四个部分组成,各个部分之间由电流信号相互连通。寄存器可用来暂存指令数据等处理对象,可以将其看作内存的一种。一个 CPU 内部会有 20~100 个寄存器。控制器负责把内存上的指令、数据等读入寄存器,并根据指令的执行结果来控制整个计算机。运算器负责运算从内存读入寄存器的数据,进行算术运算(+ - ×/基本运算和附加运算)和逻辑运算(包括移位、逻辑测试或比较两个值等)。时钟负责发出 CPU 开始计时的时钟信号。也有些计算机的时钟位于 CPU 的外部。

CPU 的运行原理就是控制单元在时序脉冲的作用下,将指令计数器里所指向的指令地址(这个地址在内存里)送到地址总线上去,然后 CPU 将这个地址里的指令读到指令寄存器进行译码。对于执行指令过程中所需要用到的数据,会将数据地址也送到地址总线,然后 CPU 把数据读到 CPU 的内部存储单元(就是内部寄存器)暂存起来,最后命令运算单元对数据进行处理加工,如图 3-36 所示。

三、CPU 的类型

目前市面上的 CPU 主要有 Intel 和 AMD 两个品牌,英特尔处理器有奔腾、赛扬、酷睿、至强四个系列。其中奔腾和赛扬系列定位低端,酷睿系列又细分为酷睿 i3、i5、i7、i9 等,至强系列主要应用为服务器处理器。AMD 有闪龙、速龙、炫龙、皓龙、锐龙等系列。其中闪龙是低端台式处理器,已停产,速龙代表中、高端台式处理器,炫龙为笔记本电脑处理器,皓龙主要是服务器处理器,锐龙是 x86 微处理器品牌,采用 AMD Zen 系列微架构,目前应用最为广泛。

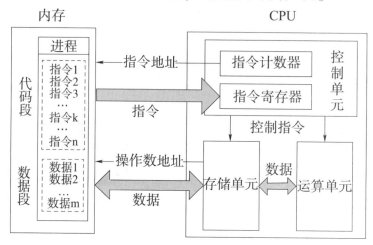

图 3-36　CPU 运行原理

四、CPU 的主要性能参数

1. 核心和线程

内核数是一个硬件术语,它表示单个计算组件(裸芯片或芯片)中的独立中央处理器的数量。一般情况下,内核数越多,性能越强。线程或执行线程是一个软件术语,指代那些可由单核 CPU 传递或处理的基本有序指令序列。CPU 支持的线程数越多,说明它的性能越强。

2. 频率

CPU 的频率是指其工作频率,分为主频、外频和倍频。

主频就是 CPU 内核工作时的时钟频率,单位千兆赫兹(GHz)。CPU 的主频所表示的是 CPU 内数字脉冲信号振荡的速度,所以不能说主频的速度是计算机 CPU 的运行速度的直接反映形式,但通常 CPU 的主频越大、性能越好。

外频是系统总线的工作频率,即 CPU 的基准频率是 CPU 与主板之间同步运行的速度。外频速度越高,CPU 就可以同时接受更多来自外围设备的数据,从而使整个系统的速度进一步提高。

倍频则是指 CPU 外频与主频相差的倍数。在外频相同的情况下,倍频越高、

CPU 的主频也越高,然而在外频相同时,追求高倍频而带来的高主频往往会因为外频相对较低使得外接与 CPU 的传输速度较慢,并不能与 CPU 的高运算性能相匹配,从而产生"瓶颈效应"。

此外睿频也会影响 CPU 性能,睿频是指当启动一个运行程序后,处理器会自动加速到合适的频率,而原来的运行速度会提升 10% ~ 20% 以保证程序流畅运行的一种技术。

3. 缓存

CPU 的缓存是位于 CPU 和内存的一个称为 Cache 的存储区,CPU 的缓存容量越大其性能就越好。计算机在进行数据处理和运算时,会把读出来的数据先存储在一旁,然后累计到一定数量以后同时传递,这样就能够把不同设备之间处理速度的差别给解决了,这个就是缓存容量。在处理数据时,作为数据的临时存放点,通常缓存容量越大,计算机的数据处理速度越快,计算机运行速度也就越快。

模块 4　计算机存储设备

一、认识内存和硬盘

1. 内存

内存(Memory)又被称为主存或内存储器,其功能是用于暂时存放 CPU 的运算数据以及与硬盘等外部存储器交换的数据,计算机中所有程序的运行都是依靠内存来进行的,内存的大小是决定计算机运行速度的重要因素,内存外观结构如图 3-37 所示。

图 3-37　内存外观结构

2. 硬盘

硬盘是计算机硬件系统中最重要的数据存储设备,具有存储空间大、数据传输速度较快、安全系数较高等优点,因此计算机运行所必需的操作系统、应用程序、大量的数据等都保存在硬盘中。现在的硬盘分为机械硬盘和固态硬盘两种类型,机械硬盘是传统的硬盘类型,平常所说的硬盘都是指机械硬盘,如图3-38所示。

固态硬盘在接口的规范和定义、功能及使用方法上与机械硬盘几乎相同,但固态硬盘采用的是闪存颗粒进行存储,因此其读写速度远远高于机械硬盘,同时其功耗比机械硬盘低,比机械硬盘轻便,更加防振抗摔,但其价格也更高,通常作为计算机的系统盘进行选购和安装,如图3-39所示。

图3-38　机械硬盘　　图3-39　固态硬盘

二、内存和硬盘的工作原理

1.内存

内存主要由内存芯片、金手指、卡槽和缺口等部分组成,如图3-40所示。

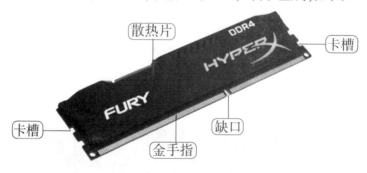

图3-40　内存条组成

内存条工作原理大致分为四个部分,分别是内存寻址、内存传输、存取时间、内存延迟。

1)内存寻址

寻址指的是内存条接到CPU的命令进行一系列的操作,寻址简单地说就是定位,是二维的平面定位,寻址的方式和我们数学上的平面直角坐标系比较类似,首先确定好列地址,相当于数学上的横坐标,再确定好行地址,相当于数学上的纵坐标。列地址与行地址交叉的部分,就是我们要寻的信息了,对于电脑来说还不仅仅这么简单,同时还需要判断该地址的信号是否正确,最后才能读或写。

2）内存传输

指的是内存条把处理好的指令反馈给 CPU,其实内存的工作结果,还是为了服务 CPU,首先 CPU 通过地址总线把指令传达给内存条,然后内存条里的数据总线会把相应的准确数据送往微处理器,最后再反馈给 CPU。

3）存取时间

存取时间称总线寻址,指的是内存条读取写入内存内的数据需要的过程时间,也就是我们常说的频率。从 CPU 发出指令给内存条,便会要求内存条在取用特定的地址与特定的数据,内存响应 CPU 之后,便会将 CPU 要索取的资料传送给 CPU,直到 CPU 接收到数据为止,这样的一个过程我们称之为读取流程。此过程就是 CPU 给出读取指令,内存回复指令并把信息反馈给 CPU 的过程。这个过程所产生的时间一般都是纳秒级别的,内存条上习惯用该过程的时间倒数来表示速度,这也就是内存条频率越高、速度越快的原因之一。

4）内存延迟

内存在传输数据的时候并不是即时到达的,而是有一个延迟。延迟指的是从 FSB 到 DRAM 的时间之和,主要包括 FSB 到主板芯片间的延迟时间（±一个时钟周期）、芯片组到 DRAM 之间的延迟时间（±一个时钟周期）、RAS（2~3 个时钟周期）到 CAS（2~3 个时钟周期）之间的延迟时间、CAS 的延迟时间,以及一个时钟周期用来传送数据。内存延迟时间越短、速度就会越快,其中 CAS 延迟较为重要。

2. 机械硬盘

机械硬盘的内部结构比较复杂,主要由主轴电机、盘片、磁头和传动臂等部件组成,如图 3-41 所示。

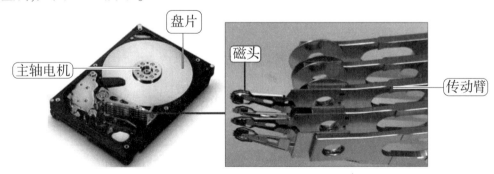

图 3-41　机械硬盘内部结构

机械硬盘的工作原理是利用特定的磁粒子的极性来记录数据。机械硬盘把数据保存在盘片上,在盘片中划分为很多小的扇区作为数据存储的基本单位,在盘片上面有一个无限接近它的磁头,通过盘片的高速旋转磁头贴近盘片上的指定位置进行数据读写,磁头在读取数据时,将磁离子的不同极性转换成不同的电脉冲信号,再利用数据转换器将这些原始信号变成电脑可以使用的数据,写的操作正好与此相反。另外,硬盘中还有一个存储缓冲区,这是为了协调硬盘与主机在数据处理速度上的差异而设计的,类似于 CPU 的缓存。

3. 固态硬盘

固态硬盘的内部结构主要是指电路板上的结构,如图 3-42 所示。

固态硬盘就是一块 PCB 电路板,构成固态硬盘的基础结构是闪存。其由一个个浮栅晶体管组成,每一个都对应存储空间里的一个存储单元,在每一个存储单元中通过输入不同电子的数量,改变和读取每一个单元的导电性能来实现对数据的读和写。

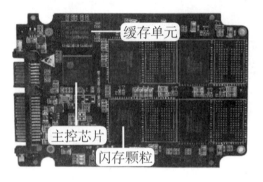

图 3-42 固态硬盘内部结构

三、内存和硬盘的类型

DDR 全称是 DDR SDRAM(Double Data Rate SDRAM,双倍速率 SDRAM),即双倍速率同步动态随机存储器。DDR 内存就是目前主流的计算机存储器,现在市面上主要有 DDR3 和 DDR4 两种类型。

硬盘主要分为机械硬盘和固态硬盘两种类型,机械硬盘主要采用 SATA 接口,固态硬盘按照接口类型不同又分为 SATA 接口固态硬盘(图 3-43)、M.2 接口固态硬盘(图 3-44)、PCI-E 接口固态硬盘(图 3-45)。

图 3-43 SATA 接口固态硬盘

图 3-44 M.2 接口固态硬盘

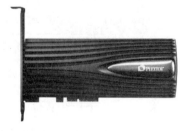

图 3-45 PCI-E 接口固态硬盘

四、内存和硬盘的主要性能参数

1. 内存主要性能参数

1）容量

内存的容量决定了内存能够储存的数据量,一般而言,内存容量越大越有利于系统的运行。

2）DDR 代数

DDR 即双倍速率同步动态随机存储器,目前常见的为 DDR3 和 DDR4,相比于 DDR3,DDR4 在频率和内存容量上都有很大提升。

3）频率

内存主频和 CPU 主频一样,习惯上被用来表示内存的速度,它代表着该内存所能达到的最高工作频率。内存主频是以 MHz(兆赫)为单位来计量的。内存主频越高,在一定程度上代表着内存所能达到的速度越快。

4）CL 值

CL(CAS Latency),是内存性能的一个重要指标,它是内存纵向地址脉冲的反应时间。当电脑需要向内存读取数据时,在实际读取之前一般都有一个"缓冲期",而"缓冲期"的时间长度就是这个 CL,内存的 CL 值越低越好。

2. 机械硬盘主要性能参数

1）容量

硬盘容量指的是硬盘存储空间大小,其是决定硬盘性能的最直观指标。机械硬盘的容量通常由单碟容量和盘片的数量来反映,单碟容量越大、盘片越多、硬盘容量越大。

2）转速

转速就是硬盘内部碟片的转速,硬盘工作时碟片会转动,以每分钟多少转来计算。常见的转速有 5400、5900、7200r/min,转速越高传输速度越快。

3）缓存

缓存就是硬盘的中转站,为硬盘的读写速度提供高速的缓存区。目前,缓存大小为 64M、128M、256M,理论上缓存越大越好。

3. 固态硬盘主要性能参数

1）容量

同机械硬盘一样,固态硬盘的容量也是直观反映固态硬盘性能参数的指标,理论上固态硬盘容量越大,IPOS 性能越好,随机读写速度越快。

2) 接口类型

固态硬盘接口类型主要有 SATA 接口、M.2 接口、PCI-E 接口,在主板支持的情况下,传输速度 PCI-E 接口 > M.2 接口 > SATA 接口。

3) 闪存颗粒

固态硬盘用户的数据全部存储于闪存里,它是固态硬盘的存储媒介。固态硬盘最主要的成本就集中在闪存上。闪存不仅决定了固态硬盘的使用寿命,而且对固态硬盘的性能影响也非常大。闪存颗粒根据电子存储单元的密度差异,分为 SLC、MLC、TLC 以及 QLC。理论上来说,读写速度方面 SLC > MLC > TLC > QLC。

4) 主控芯片

主控芯片是固态硬盘的大脑,其作用一是合理调配数据在各个闪存芯片上的负荷;二是承担了整个数据中转,连接闪存芯片和外部 SATA 接口。不同的主控之间能力相差非常大,在数据处理能力、算法、对闪存芯片的读取写入控制上会有非常大的不同,会直接导致固态硬盘产品在性能上的差距高达数倍。

5) 缓存

缓存是用来辅助主控进行数据处理的部分,通常缓存越大、硬盘性能越好。但有些固态硬盘为了节省成本,会省去缓存芯片。

模块 5　计算机输入输出设备

输入设备,是向计算机输入数据和信息的设备。是计算机与用户或其他设备通信的桥梁。输入设备是用户和计算机系统之间进行信息交换的主要装置之一。

输出设备,是计算机硬件系统的终端设备,用于接收计算机数据的输出显示、打印、声音、控制外围设备操作等。可把各种数据或信息以数字、字符、图像、声音等形式表现出来。

一、输入输出设备的种类

常见输入输出设备种类见表 3-1。

常见输入输出设备种类　　　　　　　　　表 3-1

输入设备	输出设备	输入设备	输出设备
鼠标	打印机	手写输入板	影像输出系统
键盘	显示器	语音输入装置	语音输出系统
摄像头	绘图仪		

二、手写输入板

1. 功能

（1）手写输入板是一种常见的电脑输入设备，如图 3-46 所示。和键盘类似，基本上只局限于输入文字或者绘画，也带有一些游标的功能。

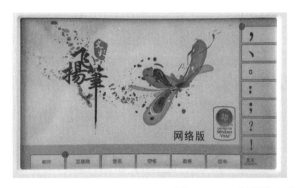 

图 3-46　手写输入板

（2）手写输入板一般是用一只专门的笔，也可以用手指在手写板上特定的区域书写，写过的轨迹会被记录下来，识别成文字。

（3）由于手写板不需要学习输入法，适用于不习惯使用键盘或中文输入法的人群。

2. 用途

（1）手写输入板可用于精确制图，例如电路方面的设计、CAD 设计、图形设计、自由绘画等。

（2）手写输入板可用于文字的输入，例如文本和数据的输入等。

3. 种类

（1）手写输入板有的集结在键盘上，有的可以单独使用。一般单独使用的手写输入板有 USB 口或者串口。

（2）目前手输入写板有兼具手写输入汉字和光标定位功能，也有专用于屏幕光标精确定位以完成各种绘图功能的。

三、绘图仪

1. 功能

(1) 能按照人们要求自动绘制图形的设备,它可将计算机的输出信息以图形的形式输出,如图 3-47 所示。

图 3-47　绘图仪

(2) 主要可绘制各种管理图表和统计图、大地测量图、建筑设计图、电路布线图、各种机械图与计算机辅助设计图等。

2. 性能

(1) 绘图仪是一种输出图形的硬拷贝设备。绘图仪在绘图软件的支持下可绘制出复杂、精确的图形,是各种计算机辅助设计不可缺少的工具。

(2) 绘图仪的性能指标主要有绘图笔数、图纸尺寸、分辨率、接口形式及绘图语言等。

四、鼠标

鼠标,全称为"显示系统纵横位置指示器",主要分为光电鼠标和无线鼠标,鼠标分类及原理见表 3-2。

鼠标分类及原理　　　　表 3-2

名　称	工　作　原　理	图　　片
滚球鼠标（现已不常用）	通过移动鼠标,带动胶球,胶球滚动又摩擦鼠标内分管水平和垂直两个方向的栅轮滚轴,驱动栅轮转动	

续上表

名称	工作原理	图片
光电鼠标	通过发光二极管和光电二极管来检测鼠标对于一个表面的相对运动	
无线鼠标	利用DRF技术把鼠标在X或Y轴上的移动、按键按下或抬起的信息转换成无线信号并发送给主机	

五、键盘

键盘是最常用也是最主要的输入设备,通过键盘可以将英文字母、汉字、数字、标点符号等输入到计算机中,从而向计算机发出命令、输入数据等。键盘分为:机械键盘、塑料薄膜式键盘、导电橡胶式键盘、无接点静电电容键盘等,常用键盘类型和工作原理如表3-3所示。

常用键盘的类型和工作原理　　　　　　　　　　表3-3

名称	工作原理	图片
机械键盘	采用类似金属接触式开关,工作原理是使触点导通或断开	
塑料薄膜式键盘	键盘内部共分四层,实现了无机械磨损	

续上表

名称	工作原理	图片
导电橡胶式键盘	触点的结构是通过导电橡胶相连,键盘内部有一层凸起带电的导电橡胶,每个按键都对应一个凸起,按下时把下面的触点接通	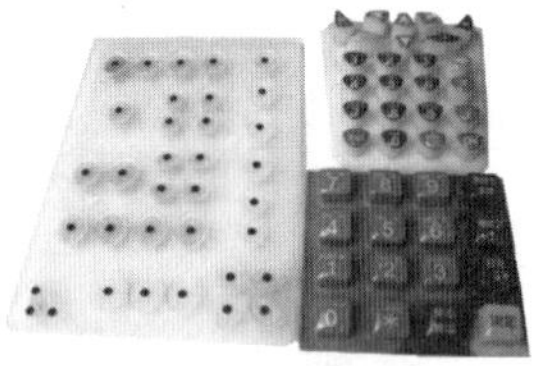
无接点静电电容键盘	使用类似电容式开关的原理,通过按键时改变电极间的距离引起电容容量改变从而驱动编码器	

六、显示器

显示器是属于电脑的 I/O 设备,它是一种将一定的电子文件通过特定的传输设备显示到屏幕上再反射到人眼的显示工具。常见类型:阴极射线管显示器(CRT)、液晶显示器 LCD、LED 显示器、3D 显示器等,常用显示器类型和工作原理如表3-4所示。

常用显示器类型和工作原理　　　　　表3-4

名称	工作原理	图片
CRT 显示器	是一种使用阴极射线管的显示器,靠电子束激发屏幕内表面的荧光粉来显示图像。它主要由五部分组成:电子枪、偏转线圈、荫罩、荧光粉层及玻璃外壳	
LCD 显示器	内部有很多液晶粒子,它们有规律地排列成一定的形状,并且它们每一面的颜色都不同,分为红色、绿色和蓝色。当显示器收到显示数据时,会控制每个液晶粒子转动到不同颜色的面,从而组合成不同的颜色和图像	
LED 显示器	通过控制半导体发光二极管的显示方式来显示文字、图形、图像、动画的显示屏幕	

续上表

名　称	工作原理	图　片
3D 显示器	利用自动立体显示技术，用户不用戴眼镜就可以观看立体影像。这种技术利用"视差栅栏"，使两只眼睛分别接受不同的图像，来形成立体效果，平面显示器要形成立体感的影像，必须至少提供两组相位不同的图像	

七、打印机

打印机（Printer）是计算机的输出设备之一，用于将计算机处理结果打印在相关介质上。衡量打印机好坏的指标有三项：打印分辨率、打印速度和噪声。按工作方式分为针式打印机、喷墨式打印机、激光打印机等，常用打印机类型和原理及特点如表 3-5 所示。

打印机类型和原理及特点　　　　　　表 3-5

名　称	原理和特点	图　片
针式打印机	通过打印机和纸张的物理接触来打印字符图形，耗材是色带，打印针打印，主要用于带发票和单据等多联打印品打印等	
喷墨式打印机	通过喷射墨粉来印刷字符图形，耗材是墨水，优点是彩色还原效果好、机器便宜，一般的打印相片都是用喷墨机；缺点是耗材贵、打印速度慢、故障率高	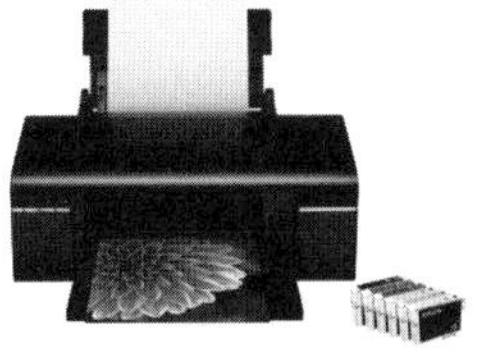
激光打印机	通过喷射墨粉来印刷字符图形，耗材是粉和鼓，速度快、故障率少、但机器比较贵	

模块6 计算机外围设备

一、计算机外围设备定义及作用

外围设备即计算机系统中除主机外的其他设备,是人和计算机系统的接口。计算机操作者是通过各种外围设备来使用计算机的,外围设备是人类使用计算机的工具和桥梁。

二、计算机外围设备分类

计算机外围设备包括输入和输出设备、外存储器、数据通信设备、过程控制设备等,图3-48为计算机外围设备分类图。

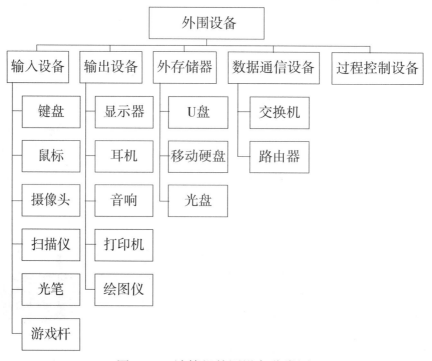

图3-48 计算机外围设备分类图

1. 存储器

外存储器,指除计算机内存及CPU缓存以外的储存器,此类储存器一般断电后仍然能保存数据。常见的外存储器有硬盘、移动硬盘、光盘、U盘等。

内存储器,内存(Memory)是计算机的重要部件之一,也称内存储器和主存储器,它用于暂时存放CPU中的运算数据,与硬盘等外部存储器交换的数据,如内存条。内存一般采用半导体存储单元,包括随机存储器(RAM)、只读存储器(ROM),以及高速缓存(CACHE),图3-49为存储器分类图。

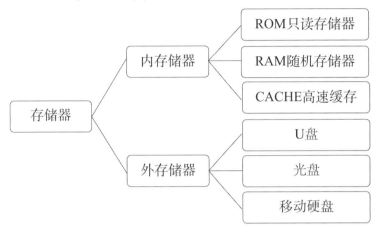

图3-49 存储器分类图

2. 数据通信设备

数据通信设备,是数据通信系统中交换设备、传输设备和终端设备的总称。指利用有线、无线的电磁或光,发送、接收或传送二进制数据的硬件和软件系统组成的电信设备,图3-50为数据通信设备分类图。数据通信设备主要包括ATM交换机、综合业务交换系统、路由设备、IP电话网关与网守、媒体网关设备等。

(1)交换设备是实现用户终端设备中信号交换、接续的装置,例如电话交换机、电报交换机等。

(2)数据传输设备主要包括调制解调器、数据服务单元等。

(3)数据终端设备的种类很多,但大体可分为分组式终端和非分组式终端两类。如:主计算机、数字传真机、智能用户电报终端、微计算机终端、可视图文终端。

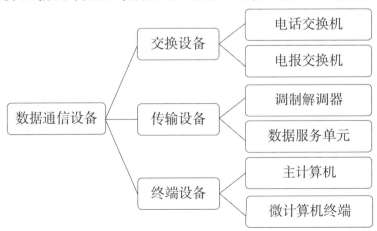

图3-50 数据通信设备分类图

3. 过程控制设备

过程控制设备、A/D 转换器、D/A 转换器都属于过程控制设备,有关的检测设备也属于过程控制设备,图 3-51 为过程控制设备分类图及功能。

(1) A/D 转换器,称为模数转换器(简称 A/D 转换器或 ADC)是将模拟信号转换成数字信号的设备,A/D 转换的作用是将时间连续、幅值也连续的模拟量转换为时间离散、幅值也离散的数字信号。因此,A/D 转换一般要经过取样、保持、量化及编码 4 个过程。在实际电路中,这些过程有的是合并进行的,例如,取样和保持,量化和编码往往都是在转换过程中同时实现的。

(2) D/A 转换器,又称数模转换器,简称 DAC,它是把数字信号转变成模拟信号的器件。D/A 转换器基本上由 4 个部分组成,即权电阻网络、运算放大器、基准电源和模拟开关。模数转换器中一般都要用到数模转换器,模数转换器即 A/D 转换器,它是把连续的模拟信号转变为离散的数字信号的器件。

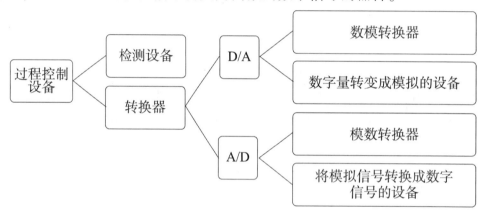

图 3-51　过程控制设备分类图及功能

三、外围设备与计算机的连接

要实现外围设备与计算机的连接和信息交换,充分发挥计算机的效率,除了了解外围设备与计算机的连接接口外,还应了解它们传送信息的种类、传送控制方式和传送方法。在此基础上,才能确定它们的连接方式,图 3-52 为计算机和外围设备通信图。

四、外围设备与计算机的连接接口

主机与外围设备是通过"接口"来交换信息的,每台外围设备都有各自的接口。图 3-53 为电脑常见接口名称及常用连接的外围设备。

图 3-52 计算机和外围设备通信图

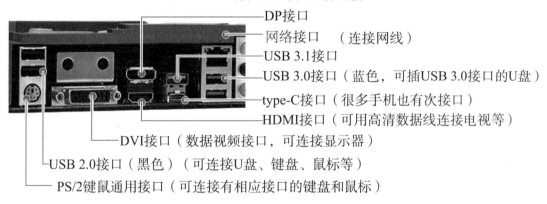

图 3-53 电脑常见接口名称及常用连接的外围设备

1. USB 接口

USB（Universal Serial Bus）接口，如图 3-54 所示，是设计用来连接鼠标、键盘、移动硬盘、数码相机、打印机等外围设备的，理论上一个 USB 主控口可以最大支持 127 个设备的连接。USB 常见的标准有两个，USB2.0 最大传输速度为 480Mbps，USB3.2 为 20Gbps，这两种标准的接口是不一样的，传输速度的不同取决于电脑主板的 USB 主控芯片和 USB 设备的芯片。USB 接口可以带有供电线路，例如移动硬盘等就不用再接一条电源线了（最高 500mA 5V 电压），现在支持 USB 接口的手机也可以通过电脑来充电。

图 3-54 USB 接头和延长线

2. PS/2

PS/2 名字源自 IBM PS/2，如图 3-55 所示，这种接口广泛应用在键盘和鼠标上面，现在缓慢被 USB 所取代，现在的 PS/2 接头一般都有颜色标志。

绿色用作鼠标，紫色用作键盘。没有颜色标志的 PS/2 接口上就很容易把键盘和鼠标插混了，但是不用担心，这不会导致什么故障的，只会使两者都不能使用而已，不过很多系统可能会因此不能启动了，这时只要把两个接口交换过来就可以了。

图 3-55　键盘鼠标 PS/2 接口和接头

3. VGA 和 DVI 显示接口

VGA 接口即电脑采用 VGA 标准输出数据的专用接口，如图 3-56 所示。VGA 接口共有 15 针，分成 3 排，每排 5 个孔，是显卡上应用最为广泛的接口类型，绝大多数显卡都带有此种接口。它传输红、绿、蓝模拟信号以及同步信号（水平和垂直信号）。

图 3-56　VGA 接口和接头

DVI 显示接口是用来直接传输数字信号的，如图 3-57 所示，DVI-D 只有数字接口，DVI-I 有数字和模拟接口，应用主要以 DVI-D（24 + 1）为主。显卡产生的数字数据先要模拟转换后送到显示器端，如果显示器是液晶之类的数字显示器的话，还要把模拟信号再转换回数字信号，而 DVI 直接传输数字信号，避免了这个麻烦。由于有些设备没有 DVI 接头，需要转为 VGA 接口使用，如图 3-58 所示为 DVI 接口和 DVI 转 VGA 接头。

图 3-57　DVI 接头和接口

图 3-58　DVI 接口和转接头

4. HDMI 接口

HDMI 高清数字接口,如图 3-59 所示,是用于传输未压缩 HDTV 信号的数字多媒体接口,最高支持 1920×1080 分辨率交错信号,集成数字版权管理(DRM)防拷机制,目前使用的是一种 19 针 Type A 接口。

图 3-59　HDMI 接口和接头

5. Serial ATA（SATA）接口

SATA 是一种串行总线(图 3-60),主要应用在大容量存储等设备方面,是被设计来替代旧式的并行 ATA 接口的。第一代的 SATA 现在已被广泛应用,传输速率在 150Mbps 的水平。信号线最长可达 1m,SATA 采用了点对点的连接方式,即一头连接主板上的 SATA 接口,另一头直接连硬盘,没有其他设备可以共享这条数据线,因此也就无须像并行 ATA 硬盘那样设置主盘和从盘(并行 ATA 每条数据线可以连接 1~2 个设备)。

6. ATA/133 或 E-IDE 接口

E-IDE 是用于连接硬盘和光驱(CD 和 DVD)的并行总线,也称作 Parallel ATA,

如图 3-61 所示。最新版本的并行 ATA 使用 40 针、80 线的扁平数据线来连接主板和驱动器,每条数据线最多可以连接 2 台设备,需要将设备分别设置为主盘(master)和从盘(slave),这样的设置一般通过驱动器上的跳线来实现。

图 3-60　SATA 接口和接口线

图 3-61　E-IDE 接口和数据线

五、外围设备与计算机的通信原理(以打印机为例)

(1)主机通过地址总线向接口发送设备号,经设备译码器译码,选中该打印机接口。

(2)主机测试打印机接口状态和寄存器的状态,以判断打印机所处的工作状态。若测得打印机处于"忙"状态,则表明打印机正在执行一个打印任务,不能接收新的打印任务,直到正在执行的打印任务结束,打印机就转到"就绪"状态;若测得打印机处于"就绪"状态,则表明打印机前一个打印任务已完成,可以接收新的打印任务;若测得打印机处于"空闲"状态,则表明打印机尚未启动,这时需要主机启动打印机,使打印机处于"就绪"状态,才能接收新的打印任务。

(3)当确定打印机可以接收新的打印任务后,主机通过数据总线向打印机接口的数据缓冲寄存器发送要打印的数据。

(4)主机向接口的控制寄存器发送控制字,通过控制逻辑电路发出打印输出所需要的控制命令。在该控制命令的控制下,驱动打印机把数据缓冲寄存器中的内容打印在纸上。

在打印过程中,打印机转入"忙"状态,直到打印任务结束,再转入"就绪"状态。

实训　查看计算机的硬件组成结构

1. 实训要求

本实训要求针对一台完整的台式机,查看其结构组成及线路连接方式,并能分辨出主要硬件结构。

2. 实训思路

首先观察计算机外部结构,包括鼠标、键盘、显示器等,记录其接口类型和连接方式;接下来打开机箱,观察机箱内部结构,记录硬件分布形式及连接方式并将主要硬件拆卸下来,记录其结构组成和电路形式。

3. 实训步骤

(1)关闭主机电源开关,拔出机箱电源线插头,将显示器的电源线和数据线拔出。

(2)先将显示器的数据线插头两侧的螺钉固定把手拧松,再将数据线插头向外拔出。

(3)将鼠标连接线插头从机箱后的接口上拔出,并使用同样的方法将键盘插头拔出。

(4)如果计算机中还有一些使用 USB 接口的设备,如打印机、摄像头、扫描仪等,还需拔出其 USB 连接线。

(5)将音箱的音频连接线从机箱后的音频输出插孔上拔出,如果连接到了网络,还需要将网线插头拔出。请完成计算机外部连接的拆卸工作,同时对拆卸的设备进行观察记录。

(6)用十字螺丝刀拧下机箱的固定螺钉,取下机箱盖。

(7)观察并记录机箱内部各种硬件以及它们的连接情况。通常在机箱内部的上方,靠近后侧的是主机电源,其通过后面的4颗螺钉固定在机箱上。主机电源分出的电源线,分别连接到各个硬件的电源接口,接下来拆下电源外壳,观察并记录电源内部结构。

(8)在主机电源对面,机箱驱动器架的上方是光盘驱动器(目前市面上很多主机已不配备光驱),通过数据线连接到主板上,光盘驱动器的另一个接口是用来连接从主机电源线中分出来的4针电源插头。在机箱驱动器下方通常安装的是硬盘,和光盘驱动器相似,它也是通过数据线与主板连接。

(9)在机箱内部最大的硬件是主板,从外观上看,主板是一块方形的电路板,上面有CPU、显卡和内存等计算机硬件以及主机电源线和机箱面板按钮连线等。请观察并记录主板电路结构。

课后练习

1. 填空题

(1)电源按接线形式可分为_____、_____、_____,其中_____电源每一组线缆都可以按照用户的意愿移除。

(2)通常主板供电是_____接口,CPU供电是_____接口,显卡供电是_____接口,硬盘供电是_____接口。

(3)内存主要由_____、_____、_____和_____等部分组成,用于暂时存放CPU的运算数据以及与硬盘等外部存储器交换的数据。

(4)主频其实就是CPU内核工作时的_____,单位千兆赫兹(GHz)。

(5)固态硬盘用户的数据全部存储于_____里,它是固态硬盘的存储媒介。

2. 选择题

(1)目前市面上电源按尺寸大小通常分为_____电源。
　　A. ATX电源　　B. SFX电源　　C. SFX-L电源　　D. 服务器电源

(2)CPU的缓存是位于CPU和_____之间的一个称为Cache的存储区,主要用于解决CPU运算速度和内存读写速度不匹配的矛盾。
　　A. 内存　　　　B. 硬盘　　　　C. 主板　　　　D. 显卡

(3)常见的CPU针脚类型包括引脚式、卡式、触点式和_____。
　　A. 芯片式　　　B. 卡扣式　　　C. 针脚式　　　D. 散热式

(4)硬盘的内部结构中,除_____和接口裸露在硬盘外部能够被人看见外,其他部件都被密封在硬盘内部。

　　A.控制电路　　　B.电路板　　　　C.盘头　　　　　D.主轴

（5）主板的芯片组是主板的核心组成部分,是主板的灵魂,包括_____等芯片。

　　A.电源管理芯片　B.声卡芯片　　　C.BIOS芯片　　　D.I/O芯片

3.思考题

（1）电源的组成结构有哪些?

（2）什么是内存的延迟时间?

（3）主板是如何进行工作的?

单元四　计算机控制照明系统

完成本单元学习后,你应能:
(1) 了解照明电路的基本知识;
(2) 掌握照明电路各组成部分的结构、功能;
(3) 掌握简单照明电路的工作原理及安装方法;
(4) 掌握计算机控制照明电路的组成及其工作原理;
(5) 掌握计算机控制照明电路的安装方法。

建议课时: 4 课时

随着社会的不断发展,建筑智能化和绿色节能理念不断深入人心,照明系统的自动控制技术也不断更新,本单元重点介绍和学习计算机控制照明系统的技术原理及安装技术。

模块 1　照明电路技术基础

照明是人们利用各种光源照亮工作和生活场所或个别物体的措施。利用太阳和天空光的称"天然采光";利用人工光源的称"人工照明"。照明的首要目的是创造良好的可见度和舒适愉快的环境。

一、照明电路的基本组成

照明电路的组成包括外部电源、开关、灯具、导线等。下面将以家用照明电路为例进行介绍各组成部分及其接法。

1. 开关

开关是指一个可以使电路开路、使电流中断或使其流到其他电路的电子元件,主要用于开启或关闭电路。家庭用开关一般采用预埋底盒、暗装的形式进行部署。常见家用开关如图4-1所示。

图4-1 常见家用开关

在安装开关时,首先要在规划安装的地方开槽,按照尺寸把底盒先预埋进去,用水泥把底盒镶嵌好;按照接线规则,将提前放好的线跟开关连接好,将开关推入盒内,螺丝孔对准底盒,用螺丝固定,推入时注意内部线不能留太长,同时注意将面板端正,注意美观度。

2. 灯具

灯具是照明工具的统称,分为吊灯、台灯、壁灯、落地灯等,是指能透光、分配和改变光源光分布的器具。常见的家用照明灯具主要有白炽灯、荧光灯、LED灯等。

1)白炽灯

白炽灯亦称钨丝灯泡,灯泡内充有惰性气体,当电流通过钨丝时,将灯丝加热到白炽状态而发光,白炽灯的功率一般在15~300W。因其结构简单、使用可靠、价格低廉、便于安装和维修,故应用很广。室内白炽灯的安装方式常有吸顶式、壁式和悬吊式三种。白炽灯如图4-2所示。

2)荧光灯

日光灯又称荧光灯,它是由灯管、启辉器、镇流器、灯座和灯架等部件组成的。在灯管中充有水银蒸气和氩气,灯管内壁涂有荧光粉,灯管两端装有灯丝,通电后灯丝能发射电子轰击水银蒸气,使其电离产生紫外线,激发荧光粉而发光,如图4-3所示。

3)LED灯

LED灯是一种能够将电能转化为可见光的固态的半导体器件,它可以直接把电转化为光。LED的心脏是一个半导体晶片,晶片的一端附在一个支架上,一端是负极,另一端连接电源的正极,使整个晶片被环氧树脂封装起来。其具有节能、寿命长、适用性好等优点,如图4-4所示。

图 4-2　白炽灯

图 4-3　荧光灯

图 4-4　LED 灯

二、家用照明电路的安装

照明电路的安装要求是各种灯具、开关、插座及所有附件都必须安装牢固可靠,应符合规定的要求。壁灯及吸顶灯要牢固地敷设在建筑物的平面上;吊灯必须装有吊线盒,每只吊线盒一般只允许装一盏电灯(双管日光灯和特殊吊灯除外),日光灯和较大的吊灯必须采用金属链条或其他方法支持。灯具与附件的连接必须正确可靠。

家用照明电路常用的控制方式有以下两种:

一种是用一只单控开关控制一盏灯,其电路如图 4-5 所示。接线时,开关应接在相线上,这样在开关切断后,灯头就不会带电,以保证使用和维修的安全。

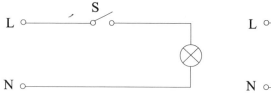
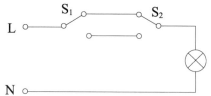

图 4-5　家用照明电路控制方式

另一种是用两只双控开关,在两个地方控制一盏灯,其电路如图所示。这种形式通常用于楼梯或走廊上,在楼上楼下或走廊两端均可控制灯的接通和断开。

三、照明电路的规范标准

1. 技术要求及行业规范

(1)灯具安装高度,室外不低于 3m,室内不低于 2.5m;室内照明电路开关安装在门边,翘板及按键开关离地 1.3m,与门框距离 0.15~0.2m。

(2)灯具及插座接线必须牢固,接触良好,避免通电打火现象;火线及零线严格区别,尤其是预埋的线路或线管内严禁有接头。

(3)导线在接入灯具处必须有绝缘保护,灯具安装要牢固,超过 3kg 时,必须固定在预埋的吊钩或螺栓上。

(4)根据设计好的照明电路图,确定好各部件的安装位置,布局合理、结构紧凑、控制方便、美观大方。

(5)布线时先将导线拉直,布线按照"横平竖直"的原则,弯角处要严格安装成直角,布线时尽量减少交叉,始终谨记"左零右火"的原则;接线时按照先上后下、先串后并、接线到位、无漏铜,线路按照规定颜色选择导线。

(6)线路安装完成后,先对照电路仔细检查各个部分,然后用万用表进行线路通断测试,所有检测无误情况下再通电测试,按照负载顺序依次送电,先合上漏电保护器,然后合上灯泡开关,再合上插座空开,用对应功率负荷检查电能表的运行情况,若有问题,采用分开断电的方式排除故障,找出故障点,断电排除。所有施工过程,注意人身安全及设备安全。

2.认证标志

长城标志即 CCEE 安全认证标志,中国电工产品安全认证,如图 4-6 所示;UL 指美国保险商实验室,是一个国际认可的安全检验及 UL 标志的授权机构,如图 4-7 所示;CE 标志是欧洲共同市场安全标志,是产品符合欧盟相关标准的标识。使用 CE 标志是欧盟成员对销售产品的强制性要求,如图 4-8 所示。

图 4-6　长城标志　　　图 4-7　UL 标志　　　图 4-8　CE 标志

模块2　计算机控制照明系统

计算机通过接口与外界设备相连,用于完成计算机主机与外部设备之间的信息交换。常用接口有网线接口、串/并行接口、USB 接口、SATA 接口等。下面,主要介绍计算机运用网口控制、串口控制两种方式控制照明系统的应用。

一、计算机网口控制照明系统

1.计算机网络控制系统介绍

计算机网络控制系统是在自动控制技术和计算机技术发展的基础上产生

的。它用计算机参与控制并借助一些辅助部件与被控对象相联系,以获得一定控制目的而构成的系统。其中辅助部件主要指输入输出接口、检测装置和执行装置等。它与被控对象的联系和部件间的联系通常有两种方式:有线方式、无线方式。控制目的可以是使被控对象的状态或运动过程达到某种要求,也可以是达到某种最优化目标。

2. 计算机网口控制器

网口控制器是计算机网口控制照明系统的核心部件,内置网络模块,内部集成 TCP/IP 协议,可以通过局域网控制或远程控制实现对照明系统的控制,如图 4-9 和图 4-10 所示。

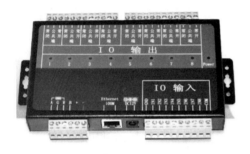 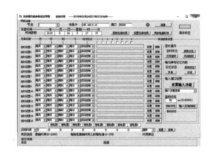

图 4-9 计算机网口控制器　　　　图 4-10 控制器参数设置界面

3. 计算机网口控制照明电路的连接

计算机网口控制照明电路的连接非常方便,在对网口控制器进行编程设置后,通过网络跳线连接即可实现对照明电路的控制功能,其连接示意图如图 4-11 所示。

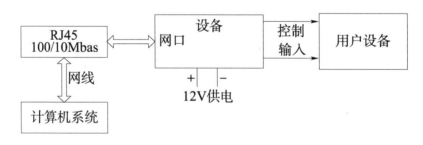

图 4-11 计算机网口控制系统连接示意图

计算机网口控制照明系统的接线包含两部分,第一部分是网口控制器与计算机的接线,可以通过网线连接到网络设备,或者直接连接到笔记本电脑。如图 4-12 所示。

第二部分是网口控制器与受控设备之间的连线,如图 4-13 所示。

图 4-12　计算机与网口控制器的连接

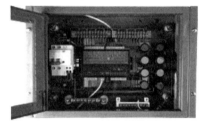

图 4-13　网口控制器接线

二、计算机串口控制照明系统

计算机与外界进行通信的方式分为串行通信和并行通信两种,相应的接口分别称为串行接口和并行接口,并用相应的连接线连接,如图 4-14 和图 4-15 所示。

图 4-14　串行接口　　　　图 4-15　并行接口

1.串行接口与并行接口

串行接口是指数据一位一位地顺序传送,其特点是通信线路简单,只要一对传输线就可以实现双向通信(可以直接利用电话线作为传输线),从而大大降低成本,特别适用于远距离通信,但传送速度较慢。一条信息的各位数据被逐位按顺序传送的通信方式称为串行通信。串行通信的特点是:数据位的传送,按位顺序进行;成本低但传送速度慢。串行通信的距离可以从几米到几千米;根据信息的传送方向,串行通讯可以进一步分为单工、半双工和全双工三种。

并行接口指采用并行传输方式来传输数据的接口标准。从最简单的一个并行数据寄存器或专用接口集成电路芯片如 8255、6820 等,直至较复杂的 SCSI 或

IDE 并行接口,种类有数十种。其接口特性可以从两个方面加以描述:(1)以并行方式传输的数据通道的宽度,也称接口传输的位数;(2)用于协调并行数据传输的额外接口控制线或称交互信号的特性。在计算机领域最常用的并行接口是通常所说的 LPT 接口。

通俗地说,如果将串口形容为一条车道,并口就是有 8 个车道同一时刻能传送 8 位(一个字节)数据。但是并不是说并口快,由于 8 位通道之间的互相干扰(串扰),传输时速度就受到了限制,传输容易出错。串口没有互相干扰。并口同时发送的数据量大,但要比串口慢。

2. 串口分类

串行接口按电气标准及协议来划分包括 RS-232、RS-485 等。

1) RS-232

也称标准串口,最常用的一种串行通信接口。其采用全双工通信方式,即允许两台设备之间同时进行双向信息的传输,如图 4-16 所示。

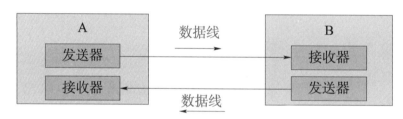

图 4-16 全双工方式

2) RS-485

RS-485 为半双工通信方式,允许两台设备之间的双向资料传输,但不能同时进行,如图 4-17 所示。

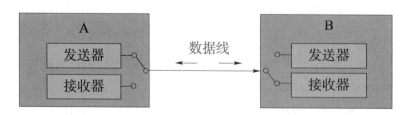

图 4-17 半双工通信方式

3. 串口控制器

就是可通过串口实现控制功能的一台控制器,即由上位机通过串口发送特定协议格式的指令给控制器,进而来控制外围设备或器件,也叫单片机串口控制器,如图 4-18 所示。其通过 RS-232 或 RS-485 串行接口线连接到计算机,通过计算机软件实现对用电设备的控制。

串口控制器有2种工作模式：

(1) 上位机监控模式：可由上位机串口控制，实现串口监控。

(2) 脱机控制模式：在通过上位机设置好相关参数后，也可脱离上位机进行独立控制。

4. 计算机串口控制照明电路连接

该电路的硬件连接非常方面，仅需将串口控制器用 RS-232 连接线连接至计算机即可。计算机串口控制照明电路连接的示意图，如图 4-19 所示。

图 4-18　串口控制器

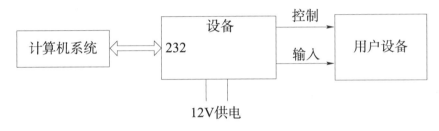

图 4-19　计算机串口控制照明电路连接示意图

计算机串口控制照明电路的接线包含两部分，第一部分是串口控制器与计算机的接线，通过 RS-232 或 RS-485 串行接口线连接到计算机；第二部分是串口控制器控制输出的接线，即控制用电设备的接线，如图 4-20 和图 4-21 所示。

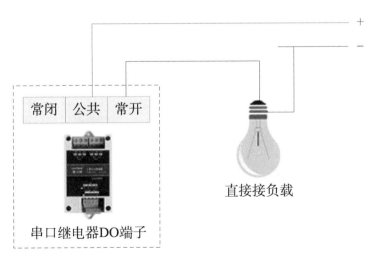

图 4-20　串口控制器照明接线

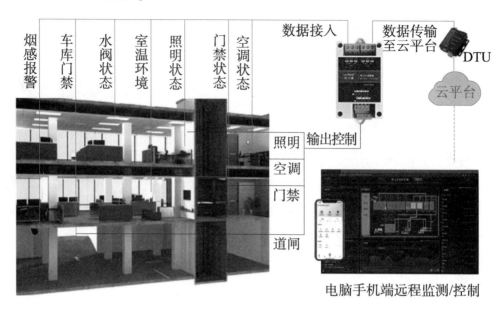

图 4-21 串口控制器综合接线

模块 3 照明系统控制应用电工实训

一、家庭照明电路的安装实训

1. 实训目的

(1)掌握导线正确可靠的连接方法。

(2)了解照明电路原理、构成和接线方法。

(3)会使用常见的电工工具,如剥线钳、测电笔的使用。

2. 实训要求

(1)会识读电路图,并能根据电路图完成实物图连接。

(2)会正确使用电工工具。

(3)具备相应的用电安全知识。

(4)掌握电路连接的工艺要求。

3. 实训用具

导线、灯座、插座、灯泡、电能表、剥线钳、尖嘴钳、电工锤、布线木板、开关、线卡。

4. 实训说明

根据所给电路图图 4-22a),完成实物连接,安装接线图如图 4-22b)所示。

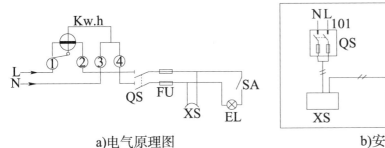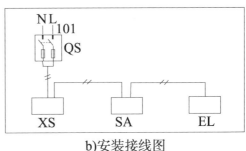

a)电气原理图　　　　　　　　　b)安装接线图

图 4-22　电气原理图及安装接线图

5. 实训步骤

(1) 检测所用电器元件。

(2) 定位及划线。

(3) 按照图 4-22b) 固定元器件(对于接线盒要注意开口方向),要求布局合理。

(4) 根据图 4-22a) 在配电板上进行明线布线,要求:

①板面导线必须"横平竖直"尽可能避免交叉。

②几条线平行敷设时应紧密,线与线之间不能有明显的空隙。

(护套线勒直的方法是:将线上有弯曲的部分用纱团裹住来回勒平,使之挺直。)

③护套线转弯成圆弧直角时,转弯圆度不能过小,以免损伤导线,转弯前后距转弯 30～50mm 处应各用一个线卡。

④导线最好不在线路上直接连接,可通过接线盒或借用其他电器的接线桩来连接线头。

⑤导线进入明线盒前 30～50mm 处应安装一个线卡,盒内应留出剖削 2～3 次的剖削长度。

⑥布线时,严禁损伤线芯和导线绝缘层。

(5) 布线完工后,先检查导线布局的合理性,然后按电路要求将元器件面板装上,注意接点不得松动。

(6) 通电前,必须先清理接线板上的工具、多余的器件以及断线头,以防造成短路和触电事故。然后对配电板线路的正确性进行全面地自检(用万用表电阻挡),以确保通电一次性成功。

(7) 通电试车,将控制板的电源线接入电表箱各自电度表的出线端,征得指导老师同意,并有老师接通电源和现场监护,方可通电。操作时注意安全。

6．实训报告

(1)总结该实训的操作工艺要求。

(2)总结各电工工具的使用方法。

二、计算机串口控制照明系统实训

在西元计算机应用电工实训装置上,选择计算机串口控制照明系统实训箱,完成控制面板的布线和端接。

1．实训目的

(1)掌握计算机接线端的线路图。

(2)熟练掌握串口控制器的连接。

(3)掌握计算机串口控制照明的接线。

2．实训要求

(1)检查计算机网络控制照明系统实训箱内设备的安装是否正确。

(2)学习掌握电工布线技术,检查连接各个设备并检查线路是否正确。

(3)保证线路完整,正确后上电。

(4)掌握计算机控制软件的操作,完成普通开关、定时开关等操作。

3．实训设备、材料和工具

(1)西元计算机应用电工实训装置,型号 KYDG-03-01。

(2)西元智能化系统工具箱,型号 KYGJX-16。

4．实训步骤

(1)打开计算机串口控制照明系统实训箱,检查实训箱内设备的安装正确无误。

(2)学习掌握电工布线技术,检查连接各个设备并检查线路正确无误。

串口控制器包含4路输出端,每路输出包含常开、常闭和公共端三个接口,所有的公共端为输入公共端,常开和常闭为输出功能端,接线时切勿将火线、零线同时接至控制器接线端子任意接口,接线如图4-23和图4-24所示。

(3)将USB转232线安装在设备上,232端插在串口控制的232口上,USB端接在计算机上,并将串口控制器的12 V电源插接好。

(4)插上电源插座启动空气开关。

(5)通过计算机软件实现对实训箱内的4路灯进行控制。

图 4-23 计算机网络串口控制照明接线图

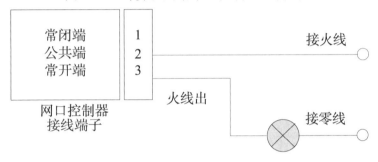

图 4-24 网口控制器单路的接线原理图

①计算机上安装 USB 转 232 数据线的驱动软件。

②修改计算机串口号,以下方法针对 Windows XP 操作系统进行说明,Win7 或其他系统请参考执行。

第一步,打开设备管理器,鼠标右键单击桌面"我的电脑"图标,选择"属性"、"硬件"标签、"设备管理器"查看端口号,如图 4-25 所示;第二步,修改串口号,属性打开后,点击上面的"端口设置",点击"高级"选择需要使用的 COM 端口号,如图 4-26 所示。然后点击"确定"关闭窗口,这样我们的端口号便设置完成了。

图 4-25 查看电脑端口　　图 4-26 修改 COM 端口号

③串口控制器的控制。

第一步,查看笔记本端口的串口号,并修改;第二步,打开笔记本上的控制软件,点击上下箭头"▲""▼"选择端口号,并与第二步设置的串口号相一致,然后点击"打开串口",根据需要选择控制的方式或者控制位置,如图 4-27 所示。

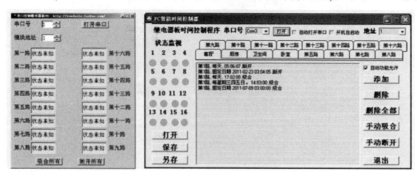

图 4-27　计算机控制软件

5. 实训报告

(1) 用不同的端口号与设备进行连接。

(2) 设计常闭端连接灯泡,计算机进行控制方案。

(3) 总结串口控制的方法。

 课后练习

1. 填空题

(1) 照明电路是由_____、_____、_____、_____等组成。

(2) 日光灯又称_____,它是由_____、_____、_____、_____和_____等部件组成的。

(3) 计算机通过接口与外界设备相连,常用接口有_____接口、_____接口、_____接口、_____接口等。

(4) 计算机网络控制系统是在_____技术和_____技术发展的基础上产生的。

(5) 计算机与外界进行通信的方式分为_____通信和_____通信两种,相应的接口分别称为_____接口和_____接口。

2. 选择题

(1) 白炽灯又称钨丝灯泡,其特点不包括(　　)。

　　A. 结构简单　B. 使用可靠　C. 价格低廉　D. 安装和维修较为复杂

(2) 关于照明电路的规范标准,下列表述错误的是(　　)。

　　A. 灯具安装高度,室内不低于 3m,室外不低于 2.5m

B. 灯具及插座接线必须牢固,接触良好,避免通电打火现象

C. 布线时先将导线拉直,布线按照"横平竖直"的原则,弯角处要严格安装成直角,布线时尽量减少交叉

D. 导线在接入灯具处必须有绝缘保护,灯具安装要牢固

(3) 照明电路常用认证标志不包括(　　)。

　　A. 长城标志　　B. UL 标志　　C. CE 标志　　D. CMA 认证

(4) 下列不是计算机常用接口的是(　　)。

　　A. 网线接口　　B. USB 接口　　C. SATA 接口　　D. 电话线接口

(5) 计算机串行通信方式不包括(　　)。

　　A. 单工　　　　B. 半双工　　　C. 半单工　　　D. 全双工

3. 思考题

(1) 家用照明电路中开关的安装有哪些步骤?

(2) 家用照明电路常用的控制方式有哪些?

(3) 请说出计算机网口控制照明系统的接线包含哪几部分?

(4) 请说出计算机串口控制照明系统的接线包含哪几部分?

单元五　计算机网络电工技术

完成本单元学习后,你应能:
(1)掌握网络双绞线结构特征及传输技术;
(2)掌握光纤结构特征及传输技术。
建议课时:8课时

随着网络时代对带宽要求的不断提高,双绞线和光纤在同步使用,他们各有什么优势呢,下面我们就来讲述一下关于双绞线和光纤的一些知识。

模块1　网络双绞线传输技术

一、双绞线的定义及相互缠绕的目的

双绞线是目前局域网中使用频率最高的一种网线。这种网线在塑料绝缘外皮里面包裹着八根信号线,它们每两根为一对相互缠绕,形成总共四对,双绞线也因此得名。

双绞线这样互相缠绕的目的就是利用铜线中电流产生的电磁场互相作用抵消邻近线路的干扰并减少来自外界的干扰。

每对线在每英寸长度上相互缠绕的次数决定了抗干扰的能力和通信的质量,缠绕得越紧密其通信质量越高,就可以支持更高的网络数据传送速率,当然它的成本也就越高。

二、双绞线的分类

1. 按照有无屏蔽层分类

根据有无屏蔽层,双绞线分为屏蔽双绞线(Shielded Twisted Pair,STP)与非屏

蔽双绞线(Unshielded Twisted Pair,UTP)。

屏蔽双绞线在双绞线与外层绝缘封套之间有一个金属屏蔽层,如图5-1所示。屏蔽双绞线分为STP和FTP(Foil Twisted Pair),STP指每条线都有各自的屏蔽层,而FTP只在整个电缆有屏蔽装置,并且两端都正确接地时才起作用。屏蔽层可减少辐射,防止信息被窃听,也可阻止外部电磁干扰的进入,使屏蔽双绞线比同类的非屏蔽双绞线具有更高的传输速率。除非有特殊需要,通常在综合布线系统中只采用非屏蔽双绞线。

非屏蔽双绞线(Unshielded Twisted Pair,缩写UTP)是一种数据传输线,由四对不同颜色的传输线所组成,广泛应用于以太网络和电话线中。非屏蔽双绞线电缆具有以下优点:无屏蔽外套直径小,节省所占用的空间,成本低;重量轻,易弯曲,易安装;将串扰减至最小或加以消除;具有阻燃性;具有独立性和灵活性,适用于结构化综合布线,如图5-2所示。

图5-1　屏蔽双绞线

图5-2　非屏蔽双绞线

2. 按照频率和信噪比进行分类

三类线(CAT3):指在ANSI和EIA/TIA568标准中指定的电缆,该电缆的传输频率16MHz,最高传输速率为10Mbps(10Mbit/s),主要应用于语音、10Mbit/s以太网(10BASE-T)和4Mbit/s令牌环,最大网段长度为100m,采用RJ形式的连接器。

五类线(CAT5):该类电缆增加了绕线密度,外套一种高质量的绝缘材料,线缆最高频率带宽为100MHz,最高传输率为100Mbps,用于语音传输和最高传输速率为100Mbps的数据传输,主要用于100BASE-T和1000BASE-T网络,最大网段长为100m,采用RJ形式的连接器。这是最常用的以太网电缆。

超五类线(CAT5e):超5类具有衰减小,串扰少,并且具有更高的衰减与串扰的比值(ACR)和信噪比(SNR)、更小的时延误差,性能得到很大提高。超5类线主要用于千兆位以太网(1000Mbps)。

六类线(CAT6):该类电缆的传输频率为1~250MHz,六类布线系统在200MHz时综合衰减串扰比(PS-ACR)应该有较大的余量,它提供2倍于超五类的带宽。六类布线的传输性能远远高于超五类标准,最适用于传输速率高于1Gbps的应用。

超六类或6A(CAT6A):此类产品传输带宽介于六类和七类之间,传输频率为500MHz,传输速度为10Gbps,标准外径6mm。

七类线(CAT7):传输频率为600MHz,传输速度为10Gbps,单线标准外径8mm,多芯线标准外径6mm。类型数字越大、版本越新、技术越先进、带宽也越宽,当然价格也越贵。

双绞线分类如图5-3所示。

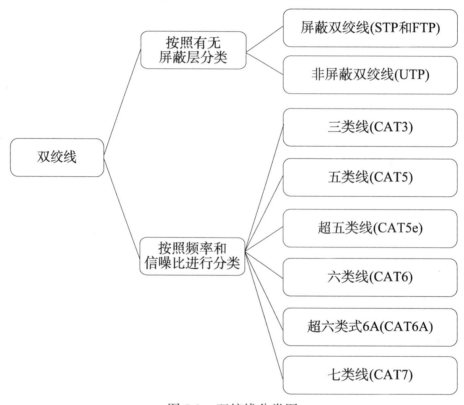

图5-3 双绞线分类图

三、网络双绞线传输技术

1. 网络数据传输原理

一般情况下,网络从上至下分为五层:应用层、传输层、网络层、数据链路层、物理层。每一层都有各自需要遵守的规则,称之为"协议"。TCP/IP协议就是一组最常用的网络协议。

网线在网络中属于物理层,计算机中所需要传输的数据根据这些协议被分解成一个一个数据包(其中包括本地机和目的机的地址),按照一定的原则最后通过网线传输给目的机。通俗讲,和我们去寄信的道理一样,先写好信的内容(计算机上的数据)、装信封然后在封面上写地址(打包成数据包,里面包含本地机和目的机的地址)、寄出(传输),那么网线就相当于你的地址和你要寄到的地址之间的路。

(1)如上所述,和电线传输电的原理一样,只不过网线上传输的就是脉冲电信号,而且遵守一定的电气规则。

(2)计算机上的数据都是用0和1来保存的,所以在网线上传输时就要用一个电压表示数据0,用另一个电压表示数据1。

(3)网线上传输的是数字信号。

(4)网线上传输数据,就是传输电信号。

2. RJ45 线序和各脚功能

(1)网络双绞线连接的 RJ45 水晶头,连接的标准有两个:568B 和 568A。

EIA/TIA 的布线标准中规定了两种双绞线的线序 568B 与 568A,无论是采用568A,还是 568B,根据需要和要求进行选择,如图 5-4~图 5-6 所示。

标准568B

• 橙白—1,橙—2,绿白—3,蓝—4,蓝白—5,绿—6,棕白—7,棕—8

标准568A

• 绿白—1,绿—2,橙白—3,蓝—4,蓝白—5,橙—6,棕白—7,棕—8

图 5-4 T568A 和 T568B 标准

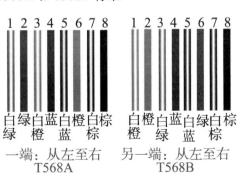

图 5-5 水晶头　　图 5-6 水晶头结 T568B 线序

（2）RJ-45 各脚功能。当有数据交换的时候，实际上只有 1 2 3 6 在参与工作当中，而 4 5 7 8 处在一个备份的状态，也就是说当 1 2 3 6 有一个或者多个线路不通时，备份的 4 5 7 8 会马上切换为使用状态起来，从而实现网络的通联，如表 5-1 所示。

RJ-45 各脚功能　　　　　表 5-1

引脚 1	引脚 2	引脚 3	引脚 4	引脚 5	引脚 6	引脚 7	引脚 8
传输数据正极	传输数据负极	接收数据正极	备用（当 1236 出现故障时，自动切入使用状态）	备用（当 1236 出现故障时，自动切入使用状态）	接收数据负极	备用（当 1236 出现故障时，自动切入使用状态）	备用（当 1236 出现故障时，自动切入使用状态）

模块 2　光纤传输技术

一、光纤及光缆的定义

光纤是光导纤维的简称，是一种由玻璃或塑料制成的纤维，可作为光传导工具。

微细的光纤封装在塑料护套中，使得它能够弯曲而不至于断裂。通常，光纤的一端的发射装置使用发光二极管（light emitting diode，LED）或一束激光将光脉冲传送至光纤，光纤的另一端的接收装置使用光敏元件检测脉冲。

在日常生活中，由于光在光导纤维的传导损耗比电在电线传导的损耗低得多，光纤被用作长距离的信息传递。

通常光纤与光缆两个名词会被混淆。多数光纤在使用前必须由几层保护结构包覆，包覆后的缆线即被称为光缆。光纤外层的保护层和绝缘层可防止周围环境对光纤的伤害，如水、火、电击等。

光纤最大的特点就是传导的是光信号，因此不受外界电磁信号的干扰，信号的衰减速度很慢，所以信号的传输距离比以上传送电信号的各种网线要远得多，并且特别适用于电磁环境恶劣的地方，表 5-2 所示为光纤和光缆图。

光纤和光缆图　　　　　　　　　　　　　　　　表 5-2

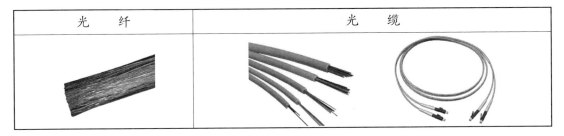

光　纤	光　缆

二、光纤的分类

光纤是一种由玻璃或塑料制成的纤维，可作为光传导工具，按传输模式可分为：单模光纤和多模光纤。

单模光纤芯的中心玻璃芯很细（芯径一般为 $9\mu m$ 或 $10\mu m$），只能传一种模式的光。多模光纤的中心玻璃芯较粗（芯径为 $50\mu m$ 或 $62.5\mu m$），大致与人的头发的粗细相当，光纤分类明细如表 5-3 所示。

光纤分类明细　　　　　　　　　　　　　　　　表 5-3

光纤分类	纤芯直径	包层直径	常见护套颜色
单模光纤	8~10μm	125μm	黄色
多模光纤	50μm		湖蓝色
	62.5μm		橙色

芯外面包围着一层折射率比芯低的玻璃封套，俗称包层，包层使得光线保持在芯内。再外面是一层薄的塑料外套，即涂覆层，用来保护包层。光纤通常被扎成束，外面有外壳保护。纤芯通常是由石英玻璃制成的横截面积很小的双层同心圆柱体，它质地脆，易断裂，因此需要外加一保护层。如图 5-7 所示为光缆结构，图 5-8 所示为单模光缆和多模光缆通信原理图。

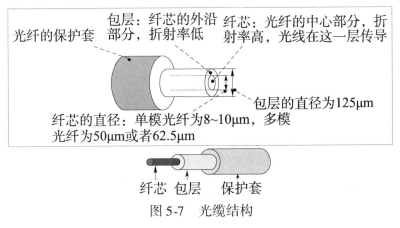

图 5-7　光缆结构

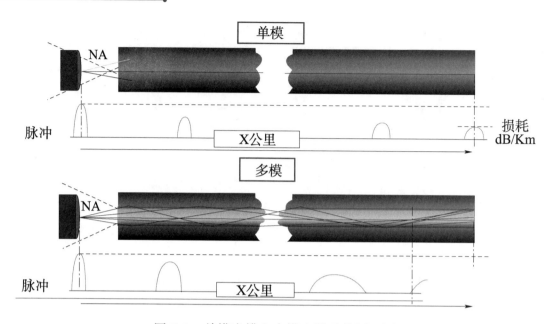

图 5-8　单模光缆和多模光缆通信原理图

三、光纤的传输原理

光纤传输是利用光的全反射原理,射线在纤芯和包层的交界面会产生全反射,并形成把光闭锁在光纤芯内部向前传播,即使经过弯曲的路,光线也不会射出光纤之外,其仅仅在均匀透明的玻璃纤芯上不断地进行反射,从一端传导至另一端。由于纤芯直径很小,光沿着玻璃纤芯传输,光信号的损耗会比在网线中电信号传输损耗低很多。

要保证光纤光信号的长距离传输,进行熔接就非常重要。将断开的两条光纤通过熔接的方法连接起来,可以有效地降低每个节点的损耗,确保高反射率及传输的稳定。

在光纤连接时,因考虑到安装的方便、快捷,会采用冷接的技术,冷接不需要太多的设备,光纤切刀即可,但每个接点需要一个快速连接器,也叫冷接子。冷接的缺点是损失偏大,约 0.1 至 0.2dB 每个点,只适合野外临时使用。考虑光纤使用的长久性,热熔是最好的方式,但成本较高,技术要求也高。

通常,一个光纤通信系统由三个主要部件组成:光发射机、光缆和一个光接收器。光发射机将电信号转换为光信号;光缆将光信号从光发射机传送到光接收器,光接收器将光信号重新转换为电信号。最常用的光发射机是半导体器件,如 LED(发光二极管)和激光二极管。光电探测器是光接收器的关键部件,它利用光电探测器效应将光转化为电能,如表 5-4 所示。

光纤通信系统组成 表5-4

名称	组成	作用	常用器件
光纤通信系统	光发射机	将电信号转换为光信号	如LED(发光二极管)和激光二极管
	光缆	将光信号从光发射机传送到光接收器	光纤
	光接收器	将光信号重新转换为电信号	光电探测器

模块3　POE以太网供电技术

一、POE概述

1. POE的简介

POE(Power Over Ethernet),中文名以太网供电技术,指的是在现有的以太网Cat.5布线基础架构不做任何改动的情况下,在为一些基于IP的终端(如IP电话机、无线局域网接入点AP、网络摄像机等)传输数据信号的同时,还能为此类设备提供直流供电的技术。POE也被称为基于局域网的供电系统(POL,Power over LAN)或有源以太网(Active Ethernet),有时也被简称为以太网供电,这是利用现存标准以太网传输电缆的同时传送数据和电功率的最新标准规范,并保持了与现存以太网系统和用户的兼容性。POE技术能在确保现有结构化布线安全的同时保证现有网络的正常运作,最大限度地降低成本。

2. POE技术的发展历程

1) IEEE 802.3af(POE)

2003年发布的IEEE 802.3af标准,它明确规定了远程系统中的电力检测和控制事项,并对路由器、交换机和集线器通过以太网电缆向IP电话、安防系统以及无线接入点等设备供电的方式进行了规定,为符合802.3af标准的设备提供不超过15W的电功率。

2) IEEE 802.3at(POE+)

POE难以满足大功率的无线接入点、视频电话、视频监控系统等设备的供电需求,在兼容 IEEE 802.3af 的基础上,2009 年 IEEE 802.3at 标准发布,通过 CAT-5 或更高级别线缆最大能提供 30W 的功率。

3) IEEE 802.3bt

IEEE 802.3bt 在 2018 年 9 月正式被批准,此次标准主要为提供更大功率终端的需求而诞生,在兼容 802.3af、802.3at 的基础上,可完成最高不超过 90W 的末端供电和数据传输,突破了 POE+供电 30W 的局限性。802.3bt 已被批准但暂未正式发布,也没有正式命名,当前常用 HPOE、POE++、POH、UPOE 等名称表示。

有了更大的功率,开发人员就可以非常容易地增加更多功能并升级已有产品,以满足监控、门禁、信息发布、停车场,甚至是笔记本电脑、电视等系统中大功率终端供电需求。

相比 802.3at(POE+)标准,802.3bt 新增两种供电类型,对应 60W、90W 输出功率。PSE 端能够输出的功率选择性更大,根据 PD 需要选择相应的 PSE 端的功率。

三种 POE 供电技术标准对比如图 5-9 所示。

标准	PSE最大输出功率	PD输入功率	线缆长度	供电线对
802.3af	15.4W	12.95W	100m	2
802.3at	15.4W	25.5W	100m	2
802.3bt	15.4W	51W	100m	4
802.3bt	15.4W	71.3W	100m	4

图 5-9 三种 POE 供电技术标准

二、POE 系统的组成

一个完整的 POE 系统包括供电端设备和受电端设备。在 POE 系统中,提供电力的叫作供电设备(PSE),负责将电源注入以太网线,并实施功率的规划和管理。使用电源的称为受电设备(PD)。

PSE 设备是为以太网客户端设备供电的设备,同时也是整个 POE 以太网供电过程的管理者。而 PD 设备是接受供电的 PSE 负载,即 POE 系统的客户端设备,如IP电话、网络安全摄像机、AP及掌上电脑(PDA)或移动电话充电器等许多其他以太网设备。两者基于IEEE 802.3af标准建立有关受电端设备PD的连接情况、设备类型、功耗级别等方面的信息联系,并以此为根据PSE通过以太网向PD供电。POE系统连接如图5-10所示。

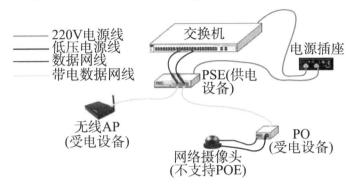

图5-10　POE系统连接图

三、POE的工作原理

1. 供电原理

标准的五类网线有四对双绞线,但是在10M BASE-T和100M BASE-T中只用到其中的两对。IEEE80 2.3af标准允许两种用法,一种是利用空闲线(4,5,7,8)传递48V的电源的连接形式,此种模式称为空闲脚供电模式。应用空闲脚供电时4、5脚连接为正极,7、8脚连接为负极,连接方式如图5-11所示。另一种是利用信号线(1,2,3,6)同时传递数据信号和48V的电源,此种模式称为数据脚供电模式。应用数据脚供电时,将DC电源加在传输变压器的中点,在这种方式下线对1、2和线对3、6可以为任意极性,连接方式如图5-12所示。

传输数据所用的芯线上同时传输直流电,其输电采用与以太网数据信号不同的频率,不影响数据的传输。

标准不允许同时应用以上两种情况。电源提供设备PSE只能提供一种用法,但是电源应用设备PD必须能够同时适应两种情况。该标准规定供电电源通常是48V、13W的。PD设备提供48V到低电压的转换是较容易的,但同时应有1500V的绝缘安全电压。

2. POE供电方法

POE标准为使用以太网的传输电缆输送直流电到POE兼容的设备定义了两种方法,分别为中间跨接法和末端跨接法。

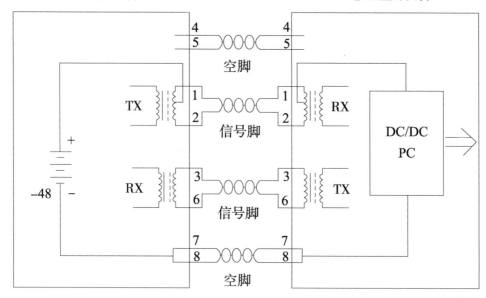

图 5-11 空闲脚供电

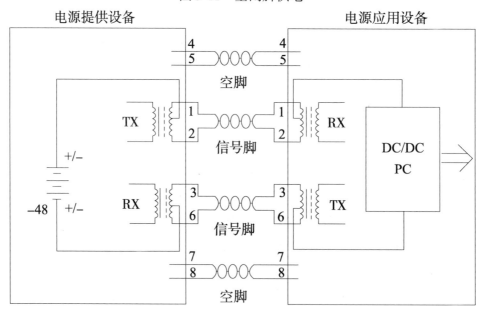

图 5-12 数据脚供电

1) 中间跨接法

中间跨接法(Mid-Span)使用独立的 POE 供电设备,跨接在交换机和具有 POE 功能的终端设备之间,一般是利用以太网电缆中没有被使用的空闲线对来传输直流电。中跨供电设备是一个专门的电源管理设备,通常和交换机放在一起。它对应每个端口有两个 RJ45 插孔,一个用短线连接至交换机(此处指传统的不具有POE功能的交换机),另一个连接远端设备,如图5-13所示。

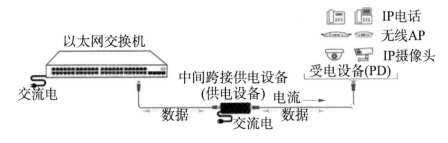

图5-13 中间跨接法

2)末端跨接法

末端跨接法(End-Span),是将供电设备集成在交换机中信号的出口端。这类集成连接一般都提供了空闲线对和数据线对"双"供电功能。其中数据线对采用了信号隔离变压器,并利用中心抽头来实现直流供电,如图5-14所示。可以预见,End-Span会迅速得到推广,这是由于以太网数据与输电采用公用线对,因而省去了需要设置独立输电的专用线,这对于仅有8芯的电缆和相配套的标准RJ-45插座意义特别重大。

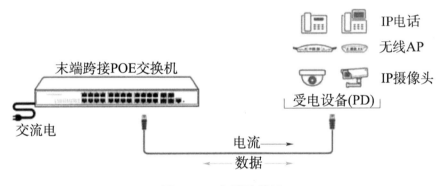

图5-14 末端跨接法

四、POE供电工作过程

POE的工作过程一般可分为三大部分,第一,根据PD即受电设备的阻容检测判断,PSE检测PD是否存在;第二,确定PD设备所需要的功率及损耗,确定PD功耗然后PSE给PD供电,供电后并进行实时监控;第三,再进行电源的管理,重复检测过程判断PD是否断开。POE供电流程如图5-15所示。

1. 检测(Detection)

PSE设备在端口发出2~10V的电压脉冲,用于检测其线缆终端连接的PD是否为标准支持的受电设备。只有检测到PD是一个标准设备,才会继续下一步操作。

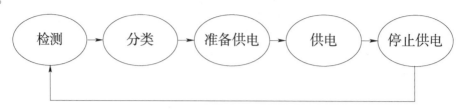

图 5-15　POE 供电工作过程

2. PD 分类（Classification）

由于 PD 种类很多，需要的电源功率也各不相同，所以在供电设备正确检测到受电设备以后，就要检测对端 PD 设备的功率等级。当检测到 PD 之后，PSE 会为 PD 设备进行分类，PD 设备会将一个分级电阻串联到线路中，用来标识自己的功率，PSE 通过测试返回特征电流的大小来确定 PD 设备属于哪个分类。最新 PD 分类等级对应功率如图 5-16 所示。

POE类型	POE				POE+	802.3bt		
PD分类等级	0	1	2	3	4	5	6	7	8
PSE功率(W)	15.4	4	7	15.4	30	45	60	75	90
PD功率(W)	13	3.84	6.49	13	25.5	40	51	62	71

图 5-16　最新 PD 分类等级对应功率

3. 准备供电（Power up）

当 PSE 检测到线缆末端接的是一个标准 PD，并且已经为 PD 进行了分类后，就开始为 PD 供电，输出 44~57V 的直流电压。

4. 供电（Power supply）

PSE 为 PD 提供稳定可靠的直流电压，并根据 PD 的分类结果输出对应等级的功率。PSE 供电理想输出波形图如图 5-17 所示。

5. 停止供电（Disconnection）

如果和 PD 相连的连接线缆被拔掉或者用户从软件上将交换机端口的 POE 供电功能关闭，PSE 会快速地（一般在 30~40ms 的时间之内）停止为 PD 供电。在 PSE 给 PD 供电整个过程的任意时刻，如果发生 PD 设备短路、分类时消耗的功率超过 PSE 对应能提供的功率、消耗功率超过等级功率等情况，则整个供电过程会中断,并重新从第一步检测过程开始。

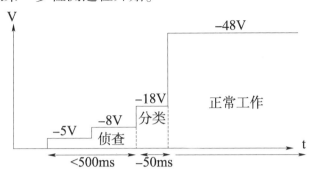

图 5-17　PSE 供电理想输出波形图

五、POE 技术与应用

1. POE 技术在安防网络监控中的应用

随着我国信息化技术的蓬勃发展,社区、酒店、商场等各个行业对视频监控的需求越来越大,视频监控的规模及辐射区越来越大,很多公共场所已经使用或是正在实施数字监控。但是由于环境等约束,网络视频监控设备的安装在很大程度上妨碍了网络视频监控的发展。网络摄像机需要外接一根网线和一根电源线才能正常工作,如果摄像头安装的位置附近不能提供电源,或者摄像头安装的位置可借电源但只是照明电源,也没办法进行全天候的供电,以上将影响网络监控镜头的安装。所以,解决网络摄像机的供电问题是顺利安装网络摄像机的关键。电力无法通过正常途径提供的情况下,如果可以使用网线为摄像机供电,不仅消除了供电问题而且只要是数据交换机端的电力不断,网络摄像机就可以持续工作。

使用 POE 供电,在受电设备端的接线又可分为两种情况:

(1)直接使用 POE 供电设备。通过网线对支持 IEEE802.3af 或 IEEE802.3at 协议的网络摄像机供电。

(2)如果网络摄像机不支持 IEEE802.3af 或 IEEE802.3at 协议,则利用具有将带电部分和数据部分的网线直接分离成纯数据接口和电源接口的 POE 分离器,也同样可以实现以上功能。

POE 两种供电方式如图 5-18 所示。

2. POE 技术在安防网络监控中的优势

(1)POE 技术应用于安防网络监控体系中,仅需设计部署单条电缆,操作上更加简易便捷,应用空间要求较低,PSE、PD 设备移动性突出。

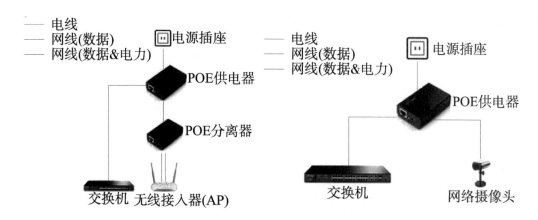

图 5-18　POE 两种供电方式

(2)安防网络监控体系中,网络视频监控摄像机等客户端设备均有较为严格的安装环境,这些地方或无法专设电源,应用 POE 后,专设电源的选购与安装成本均可节省,也无须考虑安装耗时。

(3)安防网络监控体系中的 POE 技术应用,会让以太网供电更加智能化,直流电源同数据流一同传输,仅借助简单网管协议(SNMP)便可完成系统监控。

(4)安防网络监控体系的 PSE 设备会选定需接受供电的 PD 设备,因此在明确连接设备的身份后,安防网络线缆才形成电压,线路漏电隐患大大降低或消除。

(5)在局部的安防网络监控体系中,若遭遇断电,则安装轻便的 UPS 便可解决监控体系 POE 系统两端设备供电需求,体现出集中供电的优势。

(6)POE 系统所有设备都有良好的兼容性,用户可于网络中变更调整设备,并有效实现与以太网电路共接,操作安全。

(7)POE 技术应用于安防网络监控体系能够优化网络设备管理,网络中接入远端设备后可实现远程控制或配设。

(8)安装网络摄像机的 POE 局域网中能够有效降低测试难度,不同设备选择的接入点可灵活变换和转移。

安防网络监控行业发展近年来十分迅猛,技术上已经走入网络化、IP 化、智能化。在现场无法直接安装并提供直流供电的情况下,POE 技术可通过网线为网络视频监控摄像机提供电源传输服务。POE 在安防网络监控中的应用,要充分掌握 POE 的不同供电方式,对于 IP 终端设备与交换机对 POE 的支持情况要充分了解,并采取有效的连接手段,才能确保受电设备可以真正得到从 POE 供电设备中提供的电源,实现连续安全运行。POE 综合应用如图 5-19 所示。

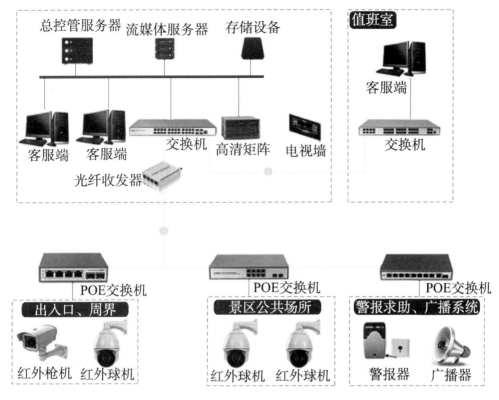

图 5-19 POE 综合应用

模块 4　PLC 电力线宽带通信技术

一、PLC 概述

1. PLC 的简介

电力线通信(Power Line Communication)技术简称为 PLC 技术,是指利用电力线传输数据和媒体信号的一种通信方式,为提供端到端的接入而设计。它利用室内电源线网络将 IP 包从用户 PC 传送至各家庭室内入口点的集成器。在这一入口点,另外一个传输段利用低压配电网将数据传输至同时为多个家庭提供电源的变压器,该项技术涉及的内容贯穿了从家用电源插座和最终用户终端到电信网络入口点的整个过程。该技术最大的优势是不需要重新布线,是在现有电线上实现数据语音和视频等多业务的承载,实现四网合一。终端用户只需要插上电源插头就可以实现因特网接入电视频道接收节目,打电话或者是可视电话。

2. PLC 技术的发展历程

PLC 作为电力系统传输信息的一种基本手段,在电力系统通信和远动控制中得到广泛应用,经历了从分立到集成,从功能单一到微机自动控制,从模拟到数字的发展历程,PLC 中的核心——电力线载波机历经了模拟电力线载波机、准数字电力线载波机、全数字电力线载波机三个阶段。

传统的 PLC 主要利用高压输电线路作为高频信号的传输通道,仅仅局限于传输话音、远动控制信号等,应用范围窄,传输速率较低,不能满足宽带化发展的要求。目前 PLC 正在向大容量、高速率方向发展,同时转向采用低压配电网进行载波通信,实现家庭用户利用电力线打电话、上网等多种业务。随着互联网在全球范围的迅速发展和用户对新业务服务要求的不断增加,电力线通信技术低廉的价格、使用灵活方便、提供宽带服务等优点将会有巨大的发展空间。目前电力线通信技术已经发展到第三代——全数字 PLC。在全数字 PLC 中可以采用当前先进的数字信号处理技术,因此大大提高了 PLC 的容量和质量,使得电力线通信技术作为最后一公里解决方案成为可能。PLC 通信技术解决方案如图 5-20 所示。

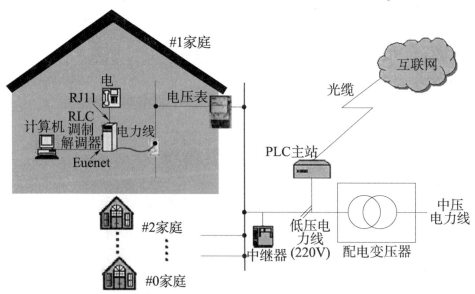

图 5-20　PLC 通信技术

二、PLC 系统的分类

PLC 系统从占用频率带宽角度,可分为窄带 PLC 和宽带 PLC。窄带 PLC 的载波频率范围,在不同国家、不同地区是不一样的,美国为 50～450kHz,中国为 40～500kHz。宽带 PLC 的载波频率范围,在美国为 4～500kHz,欧洲为 1.6～

10MHz 和 10~30MHz。从实现的通信速率角度看,可分为低速 PLC 和高速 PLC,一般以 2Mbit/s 线速为分界线。

三、PLC 工作原理

1. PLC 接入网的组织

在一个 PLC 接入网中有一个通信基站,这个基站将 PLC 接入系统连到主干网上(广域网),因此基站在一个 PLC 网络的中心位置。基站位置的设置可以参考以下的两个方案:

(1)基站在变压器的位置接入 WAN。PLC 接入网保持低压供电网拓扑,如图 5-21 所示。

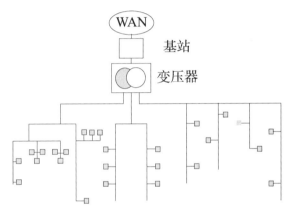

图 5-21　基站设在变压器的 PLC 网络结构

(2)将基站设在接近 PLC 用户的地点或其他任何位置。PLC 网络的拓扑结构就改变了,将不同于供电网的拓扑结构,如图 5-22 所示。

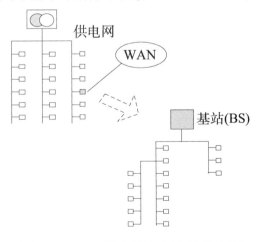

图 5-22　PLC 接入网和相应的供电网

2. 家庭内部 PLC 网络结构

家庭内部电路是 PLC 传输介质的一个简单的扩展。内部网络通过网关连接到网络,可以通过一个 PLC 系统接入,也可使用其他的接入技术,如利用 DSL。通过 PLC 家庭内部网的实现有两种方式:独立系统和网关接入。

1) 独立系统

一个家庭内部网是作为一个独立的系统存在的。内部的电网只是 PLC 接入网的一部分。通过低压电力网传输的通信信号不会到电表就截止了,而是继续传输进入家庭内部的各个供电网络,如图 5-23 所示。这样通过家里的每个插座都可以连接到 PLC 接入系统中。

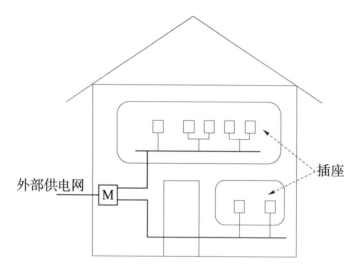

图 5-23　家庭内部 PLC 网拓扑图

2) 网关接入

家庭内部 PLC 网也可以通过网关接入到任何接入网上。在这种情况中,网关在接入网的位置是作为一个用户,而在内部 PLC 网络中是作为一个基站。如果接入网也采用 PLC 接入技术,那么网关应该放在电表的位置,放置在此可以使家庭内部的每一点都可以使用 PLC 接入。

3. PLC 调制解调器

PLC 调制解调器主要由接口、调制解调和耦合等三部分组成。接口部分是指电力线调制解调器同用户设备间的双向数据传输的接口,这些接口包括同智能设备之间的 RS-232 接口、同计算机之间的 RJ-45 以太网接口或 USB 接口和同模拟电话之间的 RJ-11 接口。调制解调部分由数字信号处理单元和相应的外围电路组成。

PLC利用1.6M到30M频带范围传输信号。在发送时,利用GMSK或OFDM调制技术将用户数据进行调制,然后在电力线上进行传输。在接收端,先经过滤波器将调制信号滤出,再经过解调,就可得到原通信信号。目前可达到的通信速率依具体设备不同在4.5～45Mbps之间。PLC设备分局端和调制解调器,局端负责与内部PLC调制解调器的通信和与外部网络的连接。在通信时,来自用户的数据进入调制解调器调制后,通过用户的配电线路传输到局端设备,局端将信号解调出来,再转到外部的Internet。

四、PLC技术的优势

无须布线:利用现有的电线网络,无须挖沟和穿墙打洞来布设网线,避免对建筑物和共用设施的破坏,同时节省人力和成本。

传输稳定:采用实体电力线作为数据传输载体,不受障碍物影响,数据传输稳定不掉线,能更好地满足IPTV、在线视频、网络游戏等对网络延时要求高的应用。

移动便捷:采用的电力线网络是分布最广、应用最大的实体网络,电源插座分布密度远高于以太网接口,有良好的可移动性以及扩展性,有插座的地方便可接入网络。

使用简便:电力线产品使用简便,即插即用,只需要将设备插在电源插座上便可以享受高速的宽带网络服务,无须设置。

高效环保:电力线通信传输速率高、功耗低,且使用实体电力线进行信号传输基本无辐射,绿色环保。

安全可靠:电力线产品支持DES或AES加密,确保信号传输安全,且信号不能跨电表传输,可防止邻居盗接网络或盗取信息。

五、电力线适配器

电力线适配器,又名电力网络桥接器(电力猫),是一种把网络信号调制到电线上,利用现有电线来解决网络布线问题的设备。目前,电力线适配器作为第三代网络传输设备,不仅具有网线的高速稳定也具备无线网络的移动便捷。电力线适配器应用范围较广,IPTV、监控同样适用。新型电力线适配器,如图5-24所示。

图5-24 电力线适配器

1. 电力线适配器的性能特点

1) 使用方便,即插即用

在同一 220V 或 110V 的电表回路内,将 2 只或 2 只以上的电力线适配器接入墙插,无须任何设置,即可享受高速稳定的网络服务。

2) 无须另布网线

利用现有的电力线,无须穿墙打孔来布设网线,作为 PLC 技术的全新应用,能有效避免对建筑物等设施的损坏,节省人力和成本。

3) 有插座的地方就能上网

PLC 技术让分布最为广泛的电力线成为传输多媒体与数据流的载体,实现了有插座的地方就能上网,使家庭网络得以拓展和延伸,同时让构建家庭企业局域网络变得轻松简单。

4) 远距离稳定传输

利用电力线作为多媒体流与数据流传输的载体,不受障碍物的影响,且承载信号量大、稳定,较传统网线 50～100m 的传输距离有了大幅提升,在同一 220V 的电表下,其传输距离可达 250～300m,若电力回路相对干净,传输距离可高达 450～500m。

5) 节能环保,无辐射

使用电力线进行多媒体与数据流传输,速率高、功耗低。电力线传输,无辐射。

6) 网络拓展性强

电力网络桥接器就是一个可以随意安放的网络节点,任意墙插均可拓展为网络接入口。支持多终端,可组建多个局域网群组。搭配无线 WiFi 电力线适配器使用,可实现电力 WiFi 无线上网,有线无线,随心而动。电力线适配器场景应用,如图 5-25 所示。

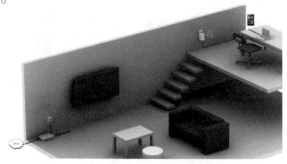

图 5-25　电力线适配器场景应用

2.电力线适配器的工作原理

电力线适配器(PLC)利用1.6M到68M频带范围传输信号。在发送时,利用GMSK或OFDM调制技术将用户数据进行调制,然后在电力线上进行传输,在接收端先经过滤波器将调制信号滤出,再经过解调,就可得到原通信信号。电力线适配器工作原理,如图5-26所示。

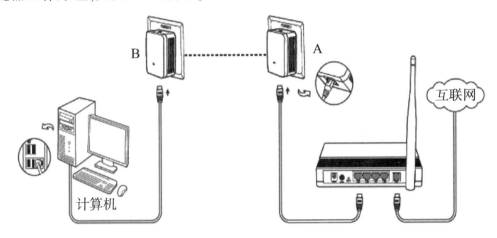

图5-26 电力线适配器工作原理

在220V交流配电线路上,从适配器A处输入数据信号电压,在适配器B处可以接收到叠加的波形,通过内部线路分离220V交流电,则可获取A处提供的信号波形。实际中的信号电压并非直接进行叠加,适配器A从网线上接收到信号,进行调制和放大,然后输入到配电线路上,适配器B则对收到的信号进行解调和还原,然后通过网线传输给接收设备。

六、电力线宽带通信组网典型应用方案

1.组建新网络——PLC有线组网案例

(1)组网需求:家中没有路由器,电脑只带有有线网卡,不希望无线上网,要求达到和有线组网一样稳定的组网效果。

(2)使用产品:路由器、电力线适配器、调制解调器。

(3)组网图:PLC有线组网示意图,如图5-27所示。

2.组建新网络——PLC无线组网案例

(1)组网需求:家中没有路由器,电脑带有无线网卡,希望在家中各处无线上网。

(2)使用产品:电力线无线路由器、电力线AP、调制解调器。

(3)组网图:PLC 无线组网示意图,如图 5-28 所示。

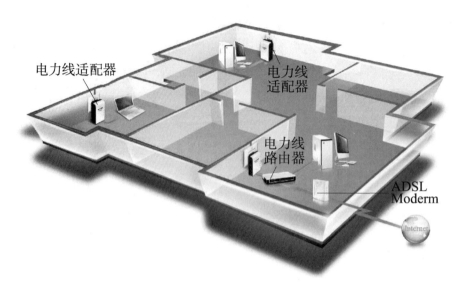

图 5-27　PLC 有线组网

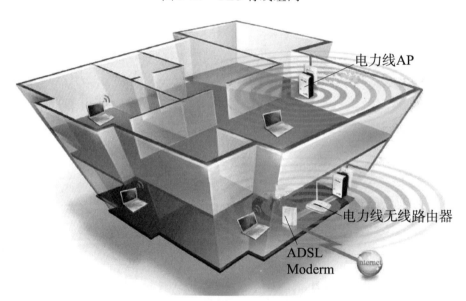

图 5-28　PLC 无线组网

3. 扩展现有网络——PLC 扩展有线组网

(1)组网需求:家中已有路由器,有部分房间已经布设网线,但部分房间未拉网线,需要扩展网络又不想再布设网线。

(2)使用产品:电力线适配器、路由器、调制解调器。

(3)组网图:PLC 扩展有线组网示意图,如图 5-29 所示。

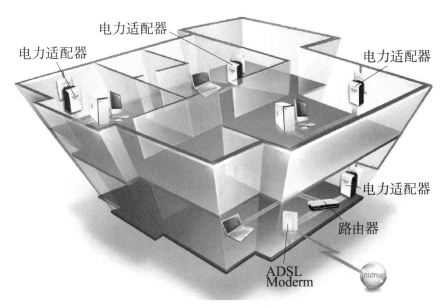

图 5-29 PLC 扩展有线组网

4. 扩展现有网络——PLC 扩展无线组网

(1)组网需求:家中已有无线路由器,但家中部分房间无线信号不好,希望能够扩展无线信号覆盖范围。

(2)使用产品:电力线适配器、电力线 AP、无线路由器、调制解调器。

(3)组网图:PLC 扩展无线组网示意图,如图 5-30 所示。

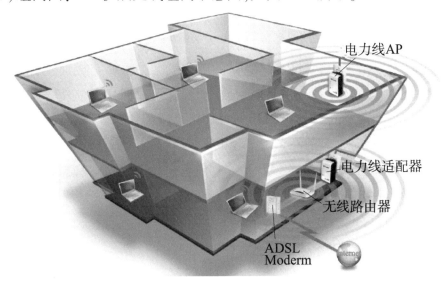

图 5-30 PLC 扩展无线组网

5. PLC 小型办公系统组网

(1)组网需求:有若干间办公室,每个办公室有 1~6 台电脑需接入网络,不能跨办公室布设网线。

（2）使用产品：电力线适配器、路由器、交换机、电力线 AP 等。

（3）组网图：PLC 小型办公系统组网示意图，如图 5-31 所示。

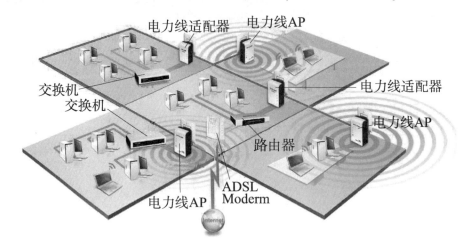

图 5-31　PLC 小型办公系统组网

模块 5　视频监控系统网络技术

一、视频监控系统发展

视频监控系统由实时控制系统、监视系统及管理信息系统组成。实时控制系统完成实时数据采集处理、存储、反馈的功能；监视系统完成对各个监控点的全天候监视，能在多操作控制点上切换多路图像；管理信息系统完成各类所需信息的采集、接收、传输、加工、处理。视频监控系统发展了二十几年时间，从 19 世代 80 年代模拟监控到火热数字监控再到网络视频监控，发生了翻天覆地的变化。从技术角度出发，视频监控系统发展划分为第一代模拟视频监控系统（CCTV），第二代基于"PC + 多媒体卡"数字视频监控系统（DVR），第三代完全基于 IP 网络视频监控系统（IPVS）。

第一代视频监控系统主要是以模拟设备为主。视频以模拟方式采用同轴电缆进行传输，并由控制主机进行模拟处理，有磁带机进行录像。如图 5-32 所示。

第二代视频监控系统是基于"PC + 多媒体卡"数字视频监控系统（DVR）。第二代监控技术的传输部分基于模拟信号，存储部分采用数字数据，可以由硬盘录像机实现以数字信号为基础的视频切换，如图 5-33 所示。

图 5-32　第一代视频监控系统示意图

图 5-33　第二代视频监控示意图

第三代视频监控系统为全数字网络化的监控系统,该技术完全建立在全数字信息上,以网络为依托,以数字视频的压缩、传输、存储和播放为核心,以智能实用的图像分析为特色,是监控技术的发展趋势,具备构建电信级监控平台的基础。该系统优势是摄像机内置 Web 服务器,并直接提供以太网端口。这些摄像机生成 JPEG 或 MPEG4 数据文件,可供任何经授权客户机从网络中任何位置访问、监视、记录并打印,而不是生成连续模拟视频信号形式图像,如图 5-34 所示。

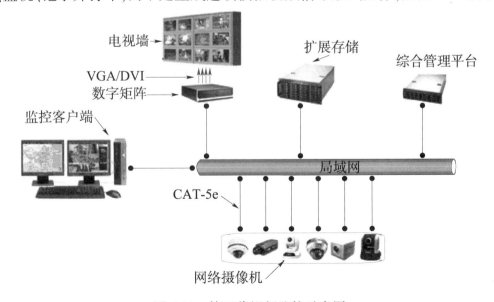

图 5-34　第三代视频监控示意图

二、视频监控系统的组成

典型的视频监控系统主要由前端音视频数据采集设备、传送介质、终端监看监听设备和控制设备组成。视频监控子系统由摄像机部分、传输部分、控制部分以及显示和记录部分四大块组成,在每一部分中又含有更加具体的设备或部件。其组成原理如图 5-35 所示。

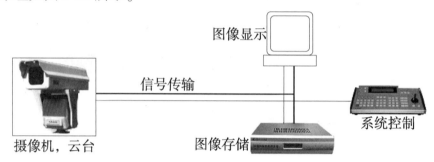

图 5-35 视频监视系统的组成

视频监控系统产品包含光端机、光缆终端盒、云台、云台解码器、视频矩阵、硬盘录像机、监控摄像机。视频监控系统组成部分包括监控前端、管理中心、监控中心、PC 客户端及无线网桥。

(1) 前端采集系统:是指系统前端采集音视频信息的设备。操作者通过前端设备获取必要的声音、图像及报警等需要被监视的信息。系统前端设备主要包括摄像机、镜头、云台、解码控制器和报警探测器等。常见摄像机见表 5-5 所示。

常见摄像机　　　　　　　　表 5-5

名　称	图　示	特　点
枪机		不具备变焦和旋转功能,只能完成固定距离角度的监视、隐蔽性差
半球型摄像机		具有一定的隐蔽性,外形小巧、美观,可吊装在天花板上

续上表

名 称	图 示	特 点
一体化摄像机		内置镜头、可自动聚焦、对镜头控制方便,安装和调试简单
高速球摄像机		集一体机化摄像机和云台于一身的设备,另外具有快速跟踪、360°水平旋转、无监视盲区等特点和功能

（2）传送介质：传送介质是将前端设备采集到的信息传送到控制设备及终端设备的传输通道。主要包括视频线、电源线和信号线。一般来说,视频信号采用同轴视频电缆传输,也可用光纤、微波、双绞线等介质传输。

用光缆进行信号的传输,给视频监控系统增加了高质量、远距离传输的有利条件,其传输特性和多功能特性是同轴电缆线所无法比拟的。先进的传输手段,稳定的性能、高可靠性和多功能的信息交换网络还可为以后的"城市报警与监控系统"奠定良好的基础。

（3）控制设备是整个系统最重要的部分,它起着协调整个系统运作的作用。控制部分的作用是进行视频信号的放大与分配,图像信号的处理与补偿,图像信号的切换和现场信号的控制等。人们正是通过控制设备来获取所需的监控功能,满足不同监控目的的需要。控制设备主要包括音、视频矩阵切换控制器、控制键盘、报警控制器和操作控制台。

（4）终端设备是系统对所获取的声音、图像、报警等信息进行综合后,以各种方式予以显示的设备。系统正是通过终端设备的显示来提供给人最直接的视觉、听觉感受,以及被监控对象提供的可视性、实时性及客观性的记录。系统终端设备主要包括监视器、录像机等。

三、视频监控系统的原理

1. 图像采集的原理

1）摄像机的原理

摄像机主要由镜头、光电传感器（主要为 CCD 器件）、DSP 等组成,被摄物体反射光线经过镜头聚焦至CCD上,CCD由多个X-Y纵横排列的像素点组成,每个像素都由一个光电二极管及其相关电路组成,光电二极管将光转变成电荷,收集到的电荷总量与光线强度成比例,所积累的电荷在相关电路的控制下,逐点移除,经滤波、放大、再经过DSP处理后形成视频信号输出。CCD表面被覆的硅半导体光敏元件捕获光子后产生电荷,这些电子先被积蓄在CCD下方的绝缘层中,然后由控制电路以串行的方式导出到模数电路中,再经过DSP等成像电路形成图像。摄像机成像原理如图5-36所示。

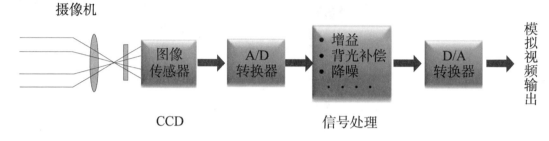

图5-36　摄像机成像原理

2)红外成像原理

红外摄像机主要用于在无可见光或者微光的黑暗环境下,采用红外发射装置主动将红外光投射到物体上,红外光经物体反射后进入镜头进行成像。这时我们所看到的是由红外光反射所成的画面,而不是可见光反射所成的画面,这时便可拍摄到黑暗环境下肉眼看不到的画面。

红外线是一种光波,它的波长区间从几个纳米到1毫米左右。人眼可见的只是其中一部分,我们称其为可见光,可见光的波长范围为380~780nm,可见光波长由长到短分为红、橙、黄、绿、青、蓝、紫光,波长比红光长的称为红外光。红外光线的波长在780nm~1000μm之间,介于无线电波与可见光之间。

红外一体化摄像机是将摄像机、防护罩、红外灯、供电散热单元等综合成为一体的摄像设备,如图5-37所示。它实现夜视的基本原理是利用普通CCD黑白摄像机可以感受红外光的光谱特性(既可以感受可见光,也可以感受红外光),配合红外灯作为"照明源"来夜视成像。红外灯的功率和角度、摄像机的配置、一定焦距的感红外镜头,以及是否有良好的供电散热处理是判断红外一体化摄像机性能的重要参数。

2. 信号传输的原理

(1)视频基带传输是最为传统的传输方式,对视频基带信号不做任何处理,通过同轴电缆直接传输模拟信号。它们对视频信号的无中继传输距离为100~

500m，当传输距离更长时，可相应选用SYV-75-7、SYV-75-9、SYV-75-11的粗同轴电缆。视频基带传输主要优点是短距离传输图像损失小，造价低廉，系统连接方便、无须添加辅助设备；主要缺点是一路视频信号布放一根同轴电缆，布线量大，系统为星形结构，维护困难、可扩展性差，长距离（大于300m）时图像质量无保证，易受空间电磁环境干扰。常见同轴电缆，如图5-38所示。

图5-37　红外摄像机　　　　　　　图5-38　同轴电缆

同轴电缆（Coaxial Cable）是一种电线及信号传输线，一般是由四层物料组成：最内里是一条导电铜线，线的外面有一层塑胶（作绝缘体、电介质之用）围拢，绝缘体外面又有一层薄的网状导电体（一般为铜或合金），然后导电体外面是最外层的塑料封套绝缘物料作为外皮。同轴电缆结构，如图5-39所示。

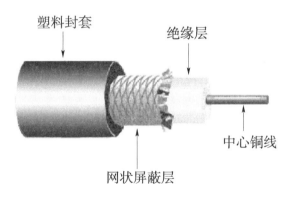

图5-39　同轴电缆结构

（2）光纤网络传输是解决城域间远距离、点位极其分散的监控传输方式，采用MPEG音视频压缩格式传输监控信号。光纤主要特点为传输容量大，通过一根光纤可传输几十路以上的电视信号；传输质量高，光纤传输需要相当多的中继放大器，因而没有噪声和非线性失真迭加；保密性能好，适合保密系统使用，光纤传输不受电磁干扰，适合应用于有强电磁干扰和电磁辐射的环境中；敷设方便，光缆具有细而轻、拐弯半径小、抗腐蚀、不怕潮、温度系数小、不怕雷击等特点，为光缆的敷设工程带来了很大的方便。光纤如图5-40所示。

3. 信号控制原理

(1)云台解码器指云台及镜头控制器。一般是将镜头(摄像机)安装在云台上。云台可以上、下、左、右转动,镜头可以拉近、拉远、聚焦、改变光圈大小等操作。控制这些动作的设备称为云镜控制器,也叫解码器,如图 5-41 所示。解码器配上控制键盘等控制设备,就可以控制更多的云台设备,配合监视器组成一个简单的监控系统。随着技术的发展,解码器可以放入云台内部进行控制。与控制设备的接口一般为 RS-485。云台解码器及连接方式,如图 5-42 所示。

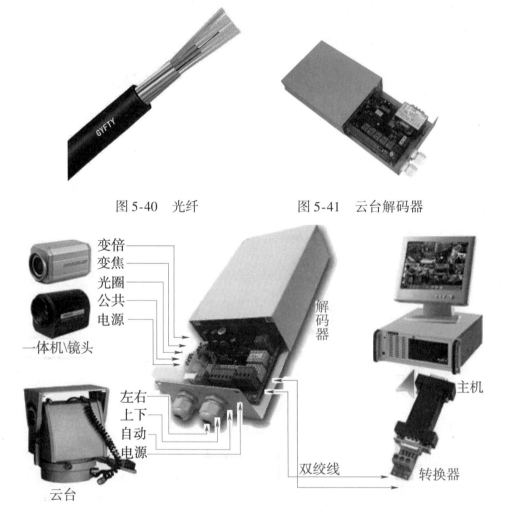

图 5-40　光纤　　　　图 5-41　云台解码器

图 5-42　云台与解码器连接

(2)485 码转换器是一种高性能多功能的 RS232-485 的接口转换器,分为有源和无源两种。它具有体积小,传输距离远、速率高、性能稳定等特性。监控主机及控制台一般都使用 RS-232 串口,但是 P\RS-485 总线具有良好的抗噪声干扰、长距离传输等优点。因此需要运用485码转换器将这两种不同的协议进行转换。485码转换器,如图5-43所示。

(3)视频矩阵切换器。视频矩阵切换器是为高分辨率图像信号的显示切换而设计的高性能智能矩阵开关设备。按实现视频切换的不同方式,视频矩阵分为模拟矩阵和数字矩阵。视频矩阵切换器主要应用是大屏幕拼接,视频会议工程,音视频工程、监控等需要用到多路音视频信号交替使用的工程中,如图5-44所示。视频矩阵切换器可将多路信号从输入通道切换输送到输出通道中的任一通道上,并且输出通道间彼此独立,可以切换多种高解析度的视频信号到各种不同的显示终端,如 NTSC 制式和 PAL 制式。数字视频接口为 HDMI、DVI-D 和 SDI。视频矩阵系统连接,如图5-45所示。

图 5-43　485 码转换器　　　　图 5-44　视频矩阵切换器

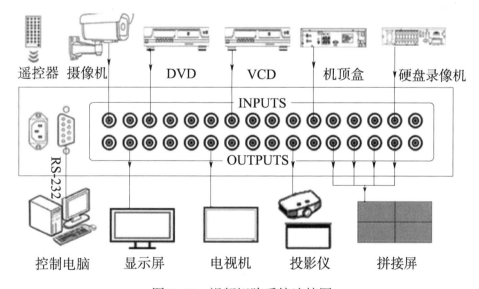

图 5-45　视频矩阵系统连接图

(4)多画面图像分割器。在大型楼宇的闭路电视监视系统中摄像机的数量多达数百个,但监视器的数量受机房面积的限制要远远小于摄像机的数量,而且监视器数量太多也不利于值班人员全面巡视。为了实现全景监视,即让所有的摄像机信号都能显示在监视器屏幕上,就需要用多画面分割器。这种设备能够把多路视频信号合成为一路输出,输入一台监视器,这样就可在屏幕上同时显示多个画面。分割方式常有 4 画面、9 画面及 16 画面。使用多画面分割器可在一台监视器上同时观看多路摄像机信号,而且它还可以用一台录像机同时录制多路视频信号。有些较好的多画面分割器还具有单路回放功能,即能选择同时录下的多路信号视频信号的任意一路在监视器上满屏放。多画面图像分割器,如图 5-46 所示。

(5) 视频分配器。视频分配器是把一个视频信号源平均分配成多路视频信号的设备。其工作原理是实现一路视频输入,多路视频输出的功能,使之可在无扭曲或无清晰度损失情况下观察视频输出。通常视频分配器除提供多路独立视频输出外,兼具视频信号放大功能,故也成为视频分配放大器。视频分配器除了阻抗匹配,还有视频增益,使视频信号可以同时送给多个输出设备短距离而不受影响,从而一定程度上保证视频传输的同步。但对于长距离同轴电缆传输的分支没有实际性的效果。视频放大器集成电路或互补晶体管为视频分配器提供了 4 至 6 路驱动 75Ω 负载的能力,视频输入和输出均为 BNC 端子。视频分配器,如图 5-47 所示。

图 5-46　多画面图像分割器

图 5-47　视频分配器

4. 视频显示原理

视频监控终端显示是安防监控系统的最后一个环节,最直接地体现了监控的最终效果。视频显示就是将一系列静态影像以电信号方式进行捕捉、纪录、处理、储存、传送与重现的技术。从产品形态上看,视频监控的终端显示设备可分为单屏监视器和大屏幕拼接屏两大类。从技术发展的角度来看,视频监控显示设备又可分为黑白视频监视器、彩色监视器和新型平板显示设备,如图 5-48 所示。

2006 年前后,DID 液晶显示技术广泛应用于各行各业的安防监控和信息发布,展示系统以及显示设备的商业租赁等领域的液晶显示器中。2010 年,大屏幕液晶拼接系统成了国内安防监控中心、指挥中心、调度中心等集成系统显示平台的主流产品。

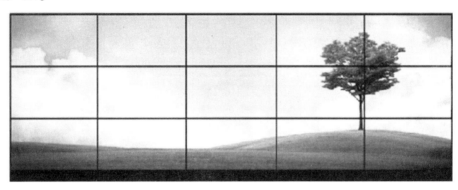

图 5-48 图像监视器

5. 视频储存原理

随着数字化监控的应用越来越广、规模越来越大,采用何种方式对数字视频信息进行保存开始成为厂商以及用户都非常关心的问题。录像存储主要经历了以下几个阶段:录像带存储、硬盘存储、磁盘阵列存储。

(1)在20世纪90年代初,以前以模拟设备为主的闭路电视监控系统中,视频存储主要是应用录像带实现,通过模拟视频矩阵将视频信号在大屏系统上显示,同时将需要进行录像的线路通过视频分配器分成两路,一路在大屏上显示;另一路通过磁带录像机进行录像,如图 5-49 所示。

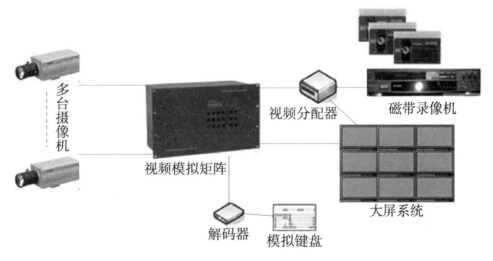

图 5-49 录像带存储结构图

(2)直接采用硬盘存储作为数字化之后的第一代存储介质,在监控存储的历程中具有承上启下的重要作用。即采用服务器或者 DVR 中的硬盘对数字视频信号进行存储。但随着视频数据的重要性日益加强,人们也越来越多地考虑到数据的安全性和写入的高效性,硬盘本身损毁数据难以恢复以及计算机内部总线带宽瓶颈等问题就都暴露出来。所以在大型项目中,往往都采用磁盘阵列设备将存储系统作为独立的系统进行构建。硬盘存储结构如图 5-50 所示。

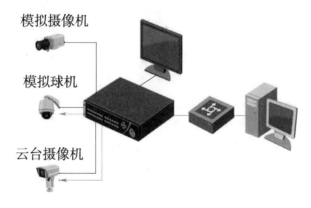

图 5-50　硬盘存储结构图

(3)在面对监控系统这种 7×24 小时持续写入的系统应用时,就会暴露出磁盘碎片过多等问题。而监控系统本身也会因为系统过于庞大,而出现服务器过多、管理复杂等问题。所以在 2008 年之后,存储厂商陆续推出监控专用的磁盘阵列存储。硬盘阵列存储结构,如图 5-51 所示。

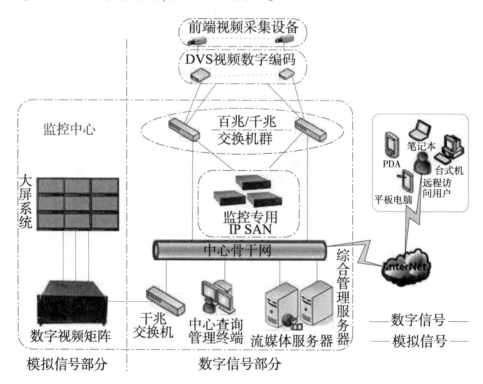

图 5-51　硬盘阵列存储结构图

四、视频监控系统的安装与调试训练

1. 任务目标

（1）了解视频监控及周边防范子系统技能训练要求。

（2）掌握系统主要设备的安装方法。

（3）掌握系统主要设备的参数设置方法。

2. 任务描述

（1）CRT 监视器第一路监控硬盘录像机输出的视频画面，第二路监控矩阵主机第一输出通道的视频画面，通过遥控器能实现两路通道之间的切换。

（2）"智能小区"前的液晶监视器显示矩阵主机第一输出通道的输出画面，"智能大楼"前的液晶监视器显示硬盘录像机的输出画面。

（3）通过矩阵切换各摄像机画面，分别在液晶和 CRT 监视器上显示。能够实现 4 路视频画面的队列切换（时序切换），各画面切换时间为 3s。

（4）通过矩阵控制室内万向云台旋转，并对一体化摄像机进行变倍、聚焦操作。

（5）通过硬盘录像机在 CRT 监视器上实现四路摄像机的画面显示，并控制高速球型云台摄像机旋转、变倍和聚焦。在图 5-52 所示的宽带通信实训柜上实现。

3. 设备安装步骤

1) 监视器的安装

图 5-52　宽带通信实训柜

第一步，将机柜内的托板移至上方，且预留合适监视器的安装空隙并固定。

第二步，把监视器固定在托板上。

第三步，将两只液晶监视器分别安装在智能小区和智能大厦上方的合适位置。

2) 矩阵主机和硬盘录像机安装

第一步，将视频控制机柜内的托板移至监视器下方，且预留合适的安装位置，用于安装矩阵主机和硬盘录像机。

第二步，将硬盘录像机固定到视频控制机柜内的托板上。

第三步，将矩阵主机固定到视频控制机柜内的硬盘录像机上。

3) 安装高速球云台摄像机

第一步,把高速球云台摄像机的电源线、485总线、视频线穿过高速球云台摄像机支架,并将支架固定到智能大楼外侧面的网孔板上,且固定高速球云台的罩壳到支架上。

第二步,设置好高速球云台摄像机的通信协议、波特率、地址码;其通信协议为Pelco-d,波特率2400,地址码为1。

第三步,将高速球云台摄像机的电源线、485总线、视频线接到高速球云台摄像机的对应接口内。

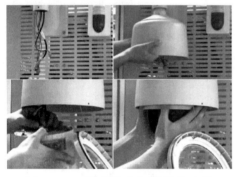

第四步,将高速球云台摄像机球体机芯的卡子卡入罩壳上对应的卡孔内,并旋转球体机芯,使其完全被卡住,接着慢慢地放开双手,以防掉落损坏球体机芯。

第五步,将高速球云台摄像机的透明罩壳固定到罩壳。操作步骤如图5-53所示。

图5-53 高速球云台摄像机安装

4) 视频监控及周边防范子系统的调试

系统各设备按安装并接线完毕后,就要进行通电调试了。在上电之前,必须重新检查220V的电源线接线是否正确、接头是否松动,确保无误后才能上电。系统调试包括系统功能参数设置、系统编程操作两大部分,在正确接线的基础上,必须经过调试才能达到系统所要求的功能。

在系统上电调试之前,必须仔细阅读相关设备的使用手册,并按照系统功能要求编制出来调试步骤,然后再进行系统参数设置和编操作。

第一步,高速球机参数设置。

第二步,解码器通信协议及地址设置,打开解码器,并将其解码器开关设置如下图5-54所示,即将地址设置为1,波特率为2400,通信协议为Pelco-D。

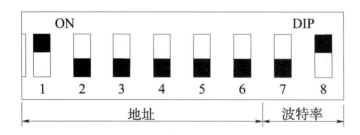 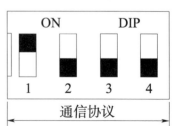

图5-54 解码器设置开关示意图

第三步,视频矩阵的参数设置及编程操作。

第四步,硬盘录像机的参数设置及编程。

4. 实训报告

(1)列出云台及摄像机的控制设置步骤。

(2)写出监控软件的基本设置方法。

(3)写出实训体会和操作技巧。

模块 6　计算机应用系统接地与防雷技术

一、接地的概念

将电力系统或电气装置的某一部分经接地线连接到接地极称为接地。接地是为保证电工设备正常工作和人身安全而采取的一种用电安全措施,通过金属导线与接地装置连接来实现。电路中使用"⊥"符号代表接地。接地装置由接地体和接地线组成。直接与土壤接触的金属导体称为接地体,电工设备与接地体连接的金属导体称为接地线。接地体可分为自然接地体和人工接地体两类。

二、接地的方式

1. 保护接地

保护接地是电气装置的金属外壳、配电装置的构架和线路杆塔等,由于绝缘损坏有可能带电,为防止其危及人身和设备的安全而设的接地。

2. 工作接地

工作接地是根据电力系统正常运行方式的需要而将网络的某一点接地。例如,将三相系统的中性点接地,其作用为稳定电网对地电位,从而可使对地绝缘降低,还可以使对地绝缘闪络或击穿时容易查出原因,以及有利于实施继电保护措施。

3. 防雷接地

防雷接地是受到雷电袭击(直击、感应或线路引入)时,为防止造成损害的接地系统。常有信号(弱电)防雷地和电源(强电)防雷地之分。

4. 屏蔽接地

防止电磁干扰和电磁泄漏,将设备或机房屏蔽体用地线与地连接就构成了屏蔽接地,屏蔽接地是消除电磁场对人体危害的有效措施,也是防止电磁干扰的有效措施。

5. 静电接地

为了消除机房内各种因素产生的静电电荷而设置的一种接地。可以将活动地板的金属基体与地线连接形成静电接地。

三、分散接地与联合接地

分散接地就是将通信大楼的防雷接地、电源系统接地、通信设备的各类接地以及其他设备的接地分别接入相互分离的接地系统。

联合接地方式也称单点接地方式,即所有接地系统共用一个共同的"地"。联合接地有以下一些特点。

（1）整个大楼的接地系统组成一个笼式均压体,对于直击雷,楼内同一层各点位比较均匀;对于感应雷,笼式均压体和大楼的框架式结构对外来电磁场干扰也可提供 10~40dB 的屏蔽效果。

（2）一般联合接地方式接地电阻非常小,不存在各种接地体之间的耦合影响,有利于减少干扰。

（3）可以节省金属材料,占地少。

由上不难看出,采用联合接地方式可以有效抑制外部高压输电线路的干扰。

四、防静电技术

1. 静电的概念

静电,是一种处于静止状态的电荷或者说不流动的电荷。当电荷聚集在某个物体上或表面时就形成了静电,而电荷分为正电荷和负电荷两种,静电现象也分为两种即正静电和负静电。当正电荷聚集在某个物体上时就形成了正静电,当负电荷聚集在某个物体上时就形成了负静电,但无论是正静电还是负静电,当带静电物体接触零电位物体（接地物体）或与其有电位差的物体时都会发生电荷转移,就是我们日常见到火花放电现象。例如,北方冬天天气干燥,人体容易带上静电,当接触他人或金属导电体时就会出现放电现象。此时人会有触电的针刺感,夜间能看到火花,这是化纤衣物与人体摩擦人体带上正静电的原因。

2. 静电产生的原因

任何物质都是由原子组合而成,而原子的基本结构为质子、中子及电子。科学家们将质子定义为带正电,中子不带电,电子带负电。在正常状况下,一个原子的质子数与电子数量相同,正负电平衡,所以对外表现出不带电的现象。如图 5-55、图 5-56 所示,电子在原子外部分层排列,趋向于获得电子或者失去电子,使得自己的结构处于一种更稳定的状态。由于外界作用如摩擦或以各种能量如动能、位能、热能、化学能等的形式作用会使原子的正负电不平衡。此时正负电荷数值不相等,就会对外表现出带电的状态。

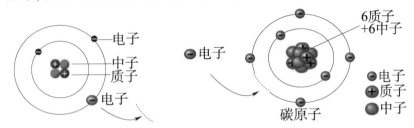

图 5-55　原子获得电子　　　图 5-56　原子失去电子

典型的静电载体通常是绝缘体,并且是合成材料。如图 5-57 所示,位于前排的物质容易失去电子,显示正电,位于后排的物质容易得到电子,显示负电。

正电荷 ——————————→ 中性 ——————————→ 负电荷

空气　人手　石棉　兔毛　玻璃　云母　头发　尼龙　羊毛　毛皮　铅　纸　棉花　钢　木材　琥珀　密封蜡　硬橡胶　镍、铜　硫磺　聚酯　奥酯　聚氨酯　聚乙烯　聚丙烯　硅烯

图 5-57　物质得失电子难易程度

3. 机房静电产生的途径

通信设备机房内的静电主要是两种不同起电序列的物体,通过摩擦、碰撞、剥离等方式在接触又分离之后在一种物体上聚集正电荷,另一种物体上积聚等量的负电荷而形成的。这是由于两种不同的物体相互紧密接触时,它们最外层电子的逸出功不同,电子从逸出功较小的物体中跳逸到逸出功较大的物体中去。此外,导体静电感应、压电效应、电磁辐射感应等也能产生很高的静电电压。

4. 机房静电的危害

机房静电不仅会使计算机运行时出现随机故障、误动作或运算错误,而且还可能会导致某些元器件,如 CMOS、MOS 电路、双级性电路等的击穿和毁坏。此外,静电对计算机的外部设备也有明显的影响。静电还会造成 Modem、网卡、Fax 等工作失常,打印机的打印不正常等故障。

静电引起的问题不仅硬件人员很难查出,有时还会使软件人员误认为是软件故障从而造成工作混乱。此外,静电通过人体对计算机或其他设备放电时(即

所谓的打火)当能量达到一定程度,也会给人以触电的感觉(如有时触摸电脑显示器或机箱时有明显的电击感)。

5. 机房防静电防护原则

(1)抑制或减少机房内静电荷的产生,严格控制静电源。

(2)安全可靠及时消除机房内产生的静电荷,避免静电荷积累,静电导电材料和静电耗散材料用泄漏法,使静电荷在一定的时间内通过一定的路径泄漏到地;绝缘材料用离子静电消除器为代表的中和法,使物体上积累的静电荷吸引空气中来的异性电荷,被中和而消除。

(3)定期(如一周)对防静电设施进行维护和检验。

6. 机房防静电措施

(1)计算机房内所有导静电地板、活动地板、工作台面和座椅垫套必须进行静电接地,不得有对地绝缘的孤立导体。

(2)工作台面宜采用导静电或静电耗散材料,其静电性能指标应符合规范的规定。

(3)在易产生静电的地方,可采用静电消除剂和静电消除器。

(4)主机房和辅助区机房中不使用防静电活动地板的房间,可铺设防静电地面,其静电耗散性能应长期稳定,且不应起尘。

(5)机房保持适当的湿度,主要用于释放空气中游离的电荷,降低空气中电荷的浓度。机房的湿度应适当,以不结露为宜,以免因湿度过大损伤设备。

五、防雷技术

1. 雷电防护区的划分

雷电防护区划分是为了更好地、更细致地、更全面地做好建筑物的雷电防护措施,确保建筑物的安全,而对雷电防护进行区域划分,如图 5-58 所示。按照《建筑物电子信息系统防雷技术规范》GB 50343—2012 标准规定如下。

(1)$LPZ0_A$ 区:受直接雷击和全部雷电电磁场威胁的区域。该区域的内部系统可能受到全部或部分雷电浪涌电流的影响。

(2)$LPZ0_B$ 区:直接雷击的防护区域,但该区域的威胁仍是全部雷电电磁场。该区域的内部系统可能受到部分雷电浪涌电流的影响。

(3)$LPZ1$ 区:由于边界处分流和浪涌保护器的作用使浪涌电流受到限制的区域。该区域的空间屏蔽可以衰减雷电电磁场。

(4) LPZn 后续防雷区：由于边界处分流和浪涌保护器的作用使浪涌电流受到进一步限制的区域。该区域的空间屏蔽可以进一步衰减雷电电磁场。注意，n 为 2、3……

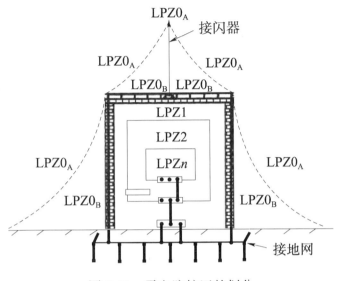

图 5-58 雷电防护区的划分

2．防雷的技术和措施

随着国内外对防雷电技术的研究取得进展，各种新型的防雷技术和设备也被不断地投入使用。例如，从接闪器、引下线、接地装置，到防雷柜、浪涌保护器等，打破了多年来只靠避雷针防雷的历史，使对雷电的预防成为一门高压强电与低压弱电相结合的综合性学科，并且形成以被保护物全方位展开的系统工程。在此，我们以防感应雷为主。采取的技术和措施主要有如下方面。

1）良好的接地网

根据现场的土壤电阻率和地理环境，选择合适的地网结构，建设合乎要求的接地网。要定期进行接地电阻的测试，发现问题及时排除。

2）设立安全的雷电引下线

雷电疏导通路采用传导性能优良的雷电引下线，安全地将雷电电流引入接地极，并注意引下线的接头接触良好、接地良好、防止内部跳火等，就可为雷电电流建立安全的疏导通路。同时机房要做好屏蔽处理，减小雷电电磁感应对通信设施尺机房内设备的影响。

3）采用科学的接地方式

采用"一点接地"的方式，而不采取分散接地的方式。这样当地电位上升时，全局的地电位就会一起上升，而不会有危险的电位差进入机房，危害网络设备和监控设备。所以各种地线系统要在公共接地母线一点接地,清除地面回路,使同网络的各接地系统成等电位,这是防雷的重要环节。

4)电源系统的防雷

电源系统的防雷应根据设备的重要程度和地理位置实行有重点、有层次,重保护、多重设防原则,压降到设备可能承受的范围。根据国家《计算机安全保护条例》有关规定,电源系统至少应采取三级雷电防护,即在建筑物总配电装置上安流量大的电源避雷器,作为电源系统的第一级保护,以泄放掉来自外界电力传输线的雷电波入侵的大部分能量。第二级保护应在设备集中的楼层的分电源处或房间的进户电源处安装电源避雷器作为系统的二级保护。进一步限制雷电过电压的幅值。第三极保护应安装在重要设备的前端(UPS、服务器、核心交换机等)作为电源系统的第三节保护,以进一步对雷电波入侵的浪涌进行抑制,确保设备安全。三级防雷电路图如图 5-59 所示。

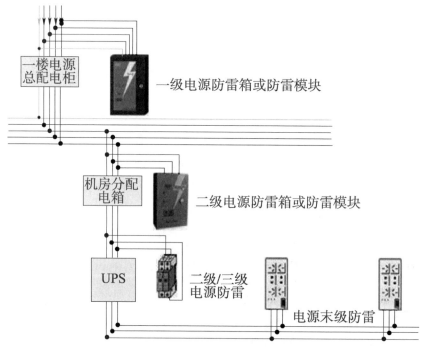

图 5-59 三级防雷电路

5)信号系统的防雷

与信号传输线相连接的设备接口的工作电压较低,而且耐压水平也很低,这些设备对于由信号传输线引入的感应雷电波特别敏感,极易受到损坏。因此,非常有必要在设备的信号接口处安装具有抗过电压保护功能、工频过电流保护功能及响应速度快、性能优越的避雷器,如网络浪涌保护器。

课后练习

1. 填空题

（1）T568B 的线序是_____。

（2）水晶头的专业术语为_____连接器。

（3）屏蔽双绞线简称_____，非屏蔽双绞线简称_____。

（4）网络传输介质有_____、同轴电缆、_____和无线传输四种。

（5）光纤按照模数分分为_____和_____两大类。

（6）POE 系统所遵循的标准_____和_____。

（7）POE 标准为使用以太网的传输电缆输送直流电到 POE 兼容的设备定义了两种供电方法，分别为_____、_____。

（8）一个完整的 POE 系统包括_____和_____两部分。

（9）使用以太网电缆中没有被使用的空闲线对来传输直流电，双绞线的 4、5 链接形成正极，_____接形成负极。

（10）电力线宽带通信是指利用_____本身，以及其形成的输电网或_____作为传输介质，实现高速数据传输的一种通信技术。

（11）PLC 中的核心——电力线载波机历经了_____、准数字电力线载波机、_____三个阶段。

（12）PLC 从占用频率带宽角度，可分为_____和_____。

（13）PLC 家庭内部网的实现有两种方式：_____和_____。

（14）列举常见的几种摄像机_____、红外摄像机、_____。

（15）视频监控系统一般由图像采集、_____、_____、视频显示和_____ 5 部分组成。

（16）视频监控主机随着监控技术的发展也发生 3 次改变，第一代是盒式磁带录像机，第二代是_____，第三代是_____。

（17）同轴电缆由里到外分为四层，分别为_____、_____、网状导电层和_____。

（18）信号控制部分是整个智能监控系统的控制中心，主要包括：视频矩阵切换主机、_____、视频放大器、_____、_____、控制键盘及控制台等。

（19）接地装置由_____和_____组成。

(20) 接地按照作用可以分为保护接地、_____、_____、屏蔽接地、_____等。

(21) 电源系统防雷保护至少应采取_____级雷电防护。

2. 选择题

(1) 首个 POE 供电标准中规定的受电设备上的 POE 功耗被限制为(　　)。
　　A. 3.84W　　　　B. 6.79W　　　　C. 9.53W　　　　D. 12.95W

(2) PD 设备通过(　　)连接至 PSE 设备上具备 POE 供电能力的以太网接口。
　　A. 无线　　　　B. 电源线　　　　C. 双绞线　　　　D. 光纤

(3) POE 是利用标准的五类网线,使用其四对线中的(　　)进行供电。
　　A. 一对　　　　B. 两对　　　　C. 三对　　　　D. 四对

(4) 2009 年 IEEE 推出的新标准中规定了 POE 可以为受电设备提供最大(　　)的功率。
　　A. 13W　　　　B. 25.5W　　　　C. 35.5W　　　　D. 60W

(5) 窄带 PLC 的载波频率范围中国标准为(　　)。
　　A. 50～450kHz　　B. 40～500kHz　　C. 1.6～10MHz　　D. 10～30MHz

(6) 宽带 PLC 的载波频率范围美国标准为(　　)。
　　A. 50～450kHz　　B. 40～500kHz　　C. 1.6～10MHz　　D. 10～30MHz

(7) 从实现的通信速率角度看,可分为低速 PLC 和高速 PLC,一般以线速(　　)为分界线。
　　A. 2Mbit/s　　　B. 3Mbit/s　　　C. 4Mbit/s　　　D. 5Mbit/s

(8) 以下哪项不是 PLC 技术的优势(　　)。
　　A. 无须另布网线　　　　　　B. 有一定的辐射
　　C. 远距离稳定传输　　　　　D. 安全可靠

(9) 红外摄像机对于其他监控摄像机,描述错误的一项是(　　)。
　　A. 夜视距离远　　　　　　B. 隐蔽性强
　　C. 性能稳定　　　　　　　D. 分辨率较高

(10) 对于云台解码器描述错误的一项是(　　)。
　　A. 云台摄像机的云台及镜头的控制器成为云台解码器
　　B. 云台解码器可以安装在云台上或者云台内部
　　C. 云台解码器也叫内置解码器
　　D. 云台解码器通过云台才能控制镜头

(11) 人的眼睛能看到的可见光按光波波长从短到长排列依次为(　　)。

A. 红、橙、黄、绿、青、蓝、紫　　B. 紫、蓝、青、绿、黄、橙、红

C. 红、黄、蓝、绿、青、橙、紫　　D. 红、橙、紫、蓝、青、绿、黄

（12）图像监视器功能上要比电视监视器简单，但在性能上比电视机要求高，不包括下列哪一项（　　）。

A. 图像清晰度　　B. 色彩还原度　　C. 整机稳定度　　D. 声音清晰度

（13）下列物质中，摩擦后容易带负电荷的是（　　）。

A. 玻璃　　　　B. 毛皮　　　　C. 石棉　　　　D. 橡胶

（14）以下关于防雷区域划分的说法错误的是（　　）。

A. LPZ0A 区内的各物体都可能遭到直接雷击和导走全部雷电流。

B. LPZ0B 区内的各物体不可能遭到大于所选滚球半径对应的雷电流直接雷击。

C. LPZ0B 区内的电磁场强度可能衰减。

D. LPZ1 区内各物体不可能遭到直接雷击，电磁场强度可能衰减。

（15）以下关于联合接地方式说法错误的是（　　）。

A. 所有接地系统共用一个共同的"地"

B. 可以节省金属材料，占地少

C. 可以有效抑制外部高压输电线路的干扰

D. 接地电阻较大

3. 思考题

（1）IEEE 协会为 POE 制定的第二代标准相较第一代有了哪些进步？

（2）比较 POE 的两种供电方法有何不同。

（3）简述 POE 供电的工作流程。

（4）POE 供电系统的优点有哪些？

（5）简述 PLC 技术的分类。

（6）相对于现有的有线网络传输方式，电力线通信组网有哪些优势？

（7）简述电力线适配器的性能特点的优点有哪些？

（8）简述视频监控系统的组成？

（9）简述视频监控系统的设工作原理？

（10）新型的视频监控系统与传统的视频监控系统有哪些区别？

（11）机房防静电可以采取哪些措施？

（12）机房防雷可以采取哪些措施？

参 考 文 献

[1] 王公儒,王贤明.计算机应用电工技术[M].大连:东软电子出版社,2014.

[2] 邵展图.电工基础[M].北京:中国劳动社会保障出版社,2014.

[3] 王小祥.维修电工基本技能训练[M].北京:中国劳动社会保障出版社,2011.

[4] 公茂金.维修电工一体化[M].成都:电子科技大学出版社,2018.

[5] 人力资源社会保障部教材办公室.照明线路安装与检修[M].北京:中国人力资源和社会保障出版社,2012.

[6] 人力资源社会保障部教材办公室.电工基础[M].北京:中国人力资源和社会保障出版社,2020.

[7] 徐鹏.家用照明电路的安装方法及施工技术[J].科技风,2019(7):1.

[8] 魏荣庆,邓学平,谢力军.中职学生安全教育[M].北京:新华出版社,2017.

[9] 刘涛.技工院校汽车类专业基础课程改革探讨与应用[J].科技与创新,2016,14:135-136.

[10] 张钧良.计算机外围设备[M].北京:清华大学出版社,2005.

[11] 马记.浅析PoE交换机的PoE供电[J].网络安全和信息化,2021,(12):83-85.

[12] 王建君.PoE交换机技术在安防领域的发展现状及趋势[J].中国公共安全,2015,(18):44-46.

[13] 燕居怀.电工电子技术[M].北京:中国铁道出版社,2017.

[14] 杨业令,王璐峰.视讯技术-构建宇视大规模监控系统[M].重庆:重庆大学出版社,2021.

[15] 周静宁.计算机网络防雷系统的设计与安装[J].电子技术与软件工程,2015,(17):25.